❀ 4~7세 무조건 되는 ❀

엄마표 영어 1일 1대화

세리나 황 지음 · 소보록 그림 · 윤혜원 감수

엄마표 영어 1일 1대화

✿ 4~7세 무조건 되는 ✿

초판 1쇄 발행 2024년 6월 28일

지은이 세리나 황
그림 소보록 **감수** 윤혜원

펴낸이 안병현 김상훈
본부장 이승은 **총괄** 박동옥 **편집장** 임세미
책임편집 한지은 **디자인** 김지연
마케팅 신대섭 배태욱 김수연 김하은 **제작** 조화연

펴낸곳 주식회사 교보문고
등록 제406-2008-000090호(2008년 12월 5일)
주소 경기도 파주시 문발로 249
전화 대표전화 1544-1900 주문 02)3156-3665 팩스 0502)987-5725

ISBN 979-11-7061-153-0 (13590)
책값은 표지에 있습니다.

지은이

세리나 황

14년차 EBS 영어 강사이자 세 아이를 둔 엄마. 캐나다에서 태어나 자랐으며, 토론토 대학교에서 언어학을 전공했다. 현재 TV와 라디오, 강연장을 넘나들면서 영어 강연을 진행 중이고, 특히 EBS 라디오 오디오 어학당의 인기 프로그램 '엄마표 영어'를 진행하며 엄마들의 영어 고민을 해결해 주고 있다. 아이에게 영어 공부를 시키고 있지만 막상 영어에 서툰 부모, 집에서 자연스럽게 아이에게 영어를 가르치고 싶은 부모를 위해 이 책을 썼다. 지은 책으로는《영어가 술술 나오는 만능 패턴 100》이 있다.

인스타그램 @kindimoms

그린이

소보록
(강보경)

일상 속 따스함을 그림에 담는 일러스트레이터.

인스타그램 @soboooroc

마치는 말

"Everything you say to your child is absorbed,
catalogued and remembered."

—

Maria Montessori

"부모가 아이에게 하는 모든 말은 아이에게 흡수되고 목록화되어 기억된다."

-

마리아 몬테소리

오늘도 애쓰신 모든 부모님들을 응원합니다.

이 책의 전체 대화를 들을 수 있어요.
평상시에 재생시켜 놓으면 영어를 귀로 익힐 수 있어요.

들어가는 말

유아기에 외국어를 배우는 건 단순히 새로운 언어를 구사할 수 있게 되는 것뿐 아니라 대뇌피질과 해마를 자극함으로써 지적 능력을 향상시킨다는 연구 결과가 있습니다. 더불어 인간의 뇌는 생후 첫 5년간 가장 빠르게 성장하며, 이때 최대 다섯 개의 서로 다른 언어를 배우고 처리함에 있어 혼동하지 않을 수 있다는 것 또한 밝혀졌습니다. 이와 같이, 많은 전문가들은 유아기 아이들이 한 가지 이상의 언어를 함께 습득함에 있어 이중 언어적 접근 방식이 유리하다는 것에 동의하고 있고, 이에 따라 많은 부모들이 아이에게 모국어와 함께 세계 공용어인 영어를 가르칩니다.

저는 지난 15여 년간 한국에서 수많은 20~40대들에게 영어 회화를 가르쳐 왔습니다. 이들은 주로 영어에 대한 자신감, 연습 혹은 기회의 부족으로 영어로 원활하게 대화하는 데 어려움을 느끼고 있었지만 어휘의 습득 정도는 놀랄 만큼 탁월했습니다. 이와 마찬가지로, 아이를 키우는 부모님들 또한 아이와 영어로 대화할 수 있는 능력이 충분한데도 발음에 자신이 없거나 완벽하지 않은 영어를 아이에게 들려 주고 싶지 않아 시도를 망설이는 경우가 적지 않습니다. 영어 회화에 있어서 완벽해야 한다는 생각은 유창함으로 이어지는 과정에 방해 요인일 뿐만 아니라, 소중한 배움의 기회를 놓치게 만들 수 있습니다.

자녀와 영어 회화를 연습할 때, 배우기 위해 노력하는 부모의 모습은 자녀에게 최고의 본보기입니다. 배움과 연습의 과정에서 때때로 실수할 수도 있지만 포기하지 않고 더 발전하고 성장하는 방향으로 나아가는 부모의 모습은 자녀에게 배움에 대한 올바른 가치관을 심어 줄 수 있을 것입니다. 지금 이 순간, 무엇보다 중요한 건 언어 습득의 황금기인 4~7세(조금 더 어려도 혹은 조금 더 연령이 높아도 괜찮습니다)를 지나고 있는 아이들과 여러분이 함께 배움의 여정을 시작하는 것입니다.

이 책은 365개의 대화가 아침 일상, 에티켓, 방과 후, 마인드셋, 놀이, 정서, 휴식 등의 일곱 가지 테마로 구성돼 있습니다. 더불어, 매일 한 가지의 핵심 패턴과 단어 그리고 오늘의 포인트로 영어 공부의 팁을 제공하고 있습니다. 바로 오늘, 여러분은 자녀에게 최고의 선생님이자 영어 회화 연습의 파트너입니다. 아이가 효율적으로 언어를 배울 수 있는 가장 결정적 시기에 이 책을 십분 활용할 수 있기를 기원합니다.

세리나 황

My English also improved so much!

내 영어 실력도 많이 늘었어!

 Look, I finished this book!

봐 봐, 나 이 책 다 마쳤다!

 Wow. Good job, Mommy!

우와. 멋져요, 엄마!

 Thank you for practicing with me.

나랑 연습해 줘서 고마워.

 My English also improved so much!

내 영어 실력도 많이 늘었어!

❁ 오늘의 구문

~ improved so much 많이 향상되다, 늘다
- ✔ You improved so much! 너 많이 늘었네!
- ✔ Your writing improved so much! 네 글쓰기 실력이 많이 향상됐네!

❁ 오늘의 단어

practice 연습하다

❁ 오늘의 포인트

이 책에서 365개 대화의 완독과 연습을 위해 아이들을 독려하고, 더불어 최선을 다하는 모습을 보여 준 그대의 이름은 엄마! 이제, 충분히 스스로를 자랑스러워하셔도 된답니다. Well done, Mama!

❀ 이렇게 구성했어요! ❀

1 요일별 일곱 가지 테마

일상의 순간들을 요일별 일곱 가지 테마로 구성했어요.

morning routine	etiquette	after school	mindset	play	mental well-being	rest
아침 일상	에티켓	방과 후	마인드셋	놀이	정서	휴식
일어나서 등원 전까지 일상 대화	예절과 규칙을 알려 주는 대화	방과 후부터 잠들기 전까지 일상 대화	단단한 마음을 갖게 하는 대화	다양한 놀이를 함께하며 나누는 대화	위로와 칭찬, 따뜻한 공감 대화	잘 때, 또는 쉼이 필요한 순간의 대화

2 100% 현실 고증, 일상에서 활용도 높은 대화문

세 아이를 키우는 엄마인 저자가 4~7세 아이와의 일상에서 가장 많이 나누는 대화를 선별해서 활용도가 높아요. 누구나 부담 없이 시작할 수 있도록 매일 네 줄의 간결한 대화로 구성했어요.

3 원어민 음성이 담긴 QR코드와 체크 박스

QR코드를 찍어 아이와 함께 원어민의 음성을 듣고 따라 해 보세요. 육아에 몰두하다 보면 꾸준히 무언가를 한다는 게 어렵겠지만 영어는 꾸준함이 가장 중요해요. 말하기와 듣기가 끝나면 체크 박스에 ✔ 표시를 해 주세요. 어디까지 완료했는지도 알 수 있고, 공부 의욕도 북돋아 줄 거예요.

4 이것만 알자! 오늘의 구문과 단어 그리고 포인트

매일 핵심 구문 하나, 단어 하나씩만 기억해도 1년이면 365개예요! 4~7세 아이와의 일상에서는 어려운 구문과 단어가 필요치 않아요. 비교적 쉽지만 유용한 표현들로 담았으니 아이와 함께하기에 더없이 좋을 거예요. '오늘의 포인트'에서는 영어 표현법과 더불어 영미권의 육아 방식도 소개하니 놓치지 마세요.

How much do you love me?

얼마만큼 사랑해?

 ## I love you so much!
널 정말 사랑해!

 ## I love you, too, Mommy!
저도 사랑해요, 엄마!

 ## How much do you love me?
얼마만큼 사랑해?

 ## To the moon and back!
하늘만큼 땅만큼요!

❖ 오늘의 구문

how much ~? 얼마나 ~해?
✔ How much farther is it? 얼마나 더 멀어?
✔ How much homework have you done? 숙제 얼마나 했어?

❖ 오늘의 단어

to the moon and back
하늘만큼 땅만큼

❖ 오늘의 포인트

'to the moon and back!'은 '달과 그 뒤까지'라고 직역할 수 있겠지만 '하늘만큼 땅만큼', '엄청나게'라는 의미로 사용해요.

✿ 이렇게 활용해 보세요! ✿

 하나 테이블 위에 올려놓고
매일 한 장씩 넘기기

 날짜가 표기된 달력은 아니지만 매일 한 장씩 넘기는 일력 형태의 스프링 제본이라 거실 테이블, 식탁 위 등 가까이 두고 생각날 때마다 손쉽게 보면서 공부할 수 있어요.

 둘 아이와 함께 역할극으로
재미있게 공부하기

 엄마와 아이의 일상에서 흔히 나누는 대화로 구성돼 있어 평소 활용하기도 좋고, 아이와 역할극을 하듯 재미있게 영어 대화를 시작할 수 있어요. 가능하다면 본문에 대화를 덧붙이는 연습을 통해 보다 풍부한 대화를 완성해 보세요.

 셋 QR코드로 듣고,
말하고, 체크하기

 매일의 대화를 원어민 음성으로 들을 수 있는 QR코드가 수록돼 있어요. 원어민의 자연스러운 발음과 억양을 듣다 보면 아이의 듣기, 말하기 실력을 함께 키울 수 있어요.

 넷 52주간 보내는 응원의
메시지로 힘내기

 육아에도 영어 공부에도 지치지 않길 바라는 마음으로 새로운 한 주가 시작될 때마다 응원의 메시지를 담았어요. 메시지와 함께 한 주 한 주 페이지를 넘기다 보면 어느새 마지막 장을 만날 수 있을 거예요.

 다섯 원어민 음성 대화 전체 재생으로
영어에 익숙해지기

 이 책의 마지막 장에는 전체 대화 음성 파일을 재생할 수 있는 QR코드가 있어요. 집안일을 하거나 아이와 놀이를 하며 배경음악처럼 재생해 보세요. 어느 순간 영어 대화들이 익숙하게 들리고, 아이가 자연스레 문장을 말하는 놀라운 경험을 하게 될 거예요.

That's so sweet!
정말 감동적이구나!

I went to the stationery store with Daddy.

아빠랑 같이 문방구에 갔어요.

Look, Mommy. I bought this pen for you!

여기요, 엄마. 엄마 드리려고 이 펜을 샀어요.

That's so sweet!

정말 감동적이구나!

You're so thoughtful!

너는 정말 사려 깊구나!

오늘의 구문

~ so sweet 정말 상냥하다, 감동적이다
✔ You're so sweet. 넌 정말 상냥하구나.
✔ The card you wrote is so sweet. 네가 쓴 카드가 정말 감동적이야.

오늘의 단어

stationery store 문방구

오늘의 포인트

어느새 훌쩍 커 버린 아이가 순간순간 부모를 생각하고 배려하는 모습을 보여 주면 그 자체로 더할 나위 없이 감동이죠.

WEEK 1

새로운 마음으로 가볍게 한 주를 시작해요.

Here I go!

자, 간다!

Mommy, throw the ball into the basket.

엄마, 공을 골대 안으로 던져 보세요.

Okay, here I go!

좋아, 자, 간다!

Oh no, I missed...

아, 놓쳤어…….

That's okay. Good try, though.

괜찮아요. 그래도 좋은 시도였어요.

🔅 오늘의 구문

here ~ go 자, ~한다(하자)

✔ Here we go. 자, 우리 간다.

✔ Here we go again. 다시 한번 가자.

🔅 오늘의 단어

though 그래도

🔅 오늘의 포인트

평소 아이의 실수에도 격려를 아끼지 않았다면, 아이 역시 부모의 실수 앞에 응원을 보낼 거예요.

Time to wake up!
일어날 시간이야!

 **Time to wake up!**
일어날 시간이야!

I want to sleep more.
더 자고 싶어요.

I know, but we have to get up now.
알아, 하지만 지금 일어나야 해.

Can I get a morning hug?
아침 포옹해 주실래요?

⚙ 오늘의 구문

time to ~ ~할 시간이다
✔ Time to eat breakfast. 아침 먹을 시간이야.
✔ Time to get ready. 준비할 시간이야.

⚙ 오늘의 단어

wake up 깨어나다

⚙ 오늘의 포인트

아침에 일어나기 힘들어하는 아이에게 엄마의 사랑을 듬뿍 담은 포옹을 해 주세요.

I'm here if you need my help.

도움이 필요하면 엄마가 여기 있을게.

 I can't get this right.

이걸 제대로 못하겠어요.

 Ugh! I'm so angry!

어휴! 너무 화가 나요!

 Listen, it's okay to make mistakes.

잘 들어, 실수해도 괜찮아.

 I'm here if you need my help.

도움이 필요하면 엄마가 여기 있을게.

 오늘의 구문

~ if you need 네가 필요하다면 ~할게
- ✓ Call if you need my help. 내 도움이 필요하면 (엄마) 불러.
- ✓ I'll be in the kitchen if you need me. 도움이 필요하면 내가 주방에 있을게.

오늘의 단어

right 옳은, 정확한

오늘의 포인트

부모의 말을 쉽게 흘려 버리는 아이의 집중력을 높이기 위해 원어민 부모는 본격적인 이야기를 시작하기에 앞서 "Look!", "Listen!"이라고 말해요.

Greeting others is important.

다른 사람에게 인사하는 건 중요한 거야.

 **Why didn't you say hi to your friend?**

왜 친구한테 인사 안 했어?

He's not my friend.

내 친구가 아니에요.

But you know him.

하지만 아는 애잖아.

Greeting others is important.

다른 사람에게 인사하는 건 중요한 거야.

✛ 오늘의 구문

~ be important ~는 중요하다
✔ Being honest is important. 솔직해지는 건 중요한 거야.
✔ Eating is important. 먹는 건 중요한 거야.

✛ 오늘의 단어

others 다른 사람

✛ 오늘의 포인트

서양에서는 눈을 마주치며 인사하는 것이 매우 중요해요. 시선을 피하는 건 자신감이 없거나 뭔가를 숨긴다는 인상을 줄 수 있어요.

Lights out.

조명을 끌게.

 **Are you in bed?**

침대에 누웠어?

Yes, Mommy.

네, 엄마.

Okay. Lights out. Sweet dreams.

그래. 조명을 끌게. 좋은 꿈 꿔.

Good night, Mommy.

안녕히 주무세요, 엄마.

🍀 오늘의 구문

 lights ~ (조명) 불 ~
✓ Lights off. 조명을 끌게.
✓ Lights on. 조명을 켤게.

🍀 오늘의 단어

sweet dreams 좋은 꿈 꿔

🍀 오늘의 포인트

'lights out'은 취침 시간을 알리는 소등의 의미로 기숙사, 군대 등에서 사용되지만, 원어민 부모들은 조명을 끄면서 잘 자라는 인사의 하나로 사용하기도 해요.

How was your day?

오늘 하루 어땠어?

 Hi, sweetie. How was your day?

안녕, 얘야. 오늘 하루 어땠어?

 It was okay...

괜찮았어요…….

 Anything interesting?

뭐 재미있는 거 있었어?

 Oh! Sung-jae got a kitty!

오! 성재한테 고양이가 생겼어요!

오늘의 구문

how was your ~? 너의 ~는 어땠어?
- How was your class? 수업은 어땠어?
- How was your field trip? 현장 학습은 어땠어?

오늘의 단어

kitty 고양이

오늘의 포인트

아이가 상세한 이야기를 해 주지 않을 땐 "Anything interesting?"이라고 구체적으로 질문해 보세요.

It's not okay to grab.

잡으면 안 되는 거야.

 I want to play with the excavator!

굴착기 가지고 놀고 싶어요!

 I can see you're upset.

속상한 건 알겠어.

 But you need to use your words.

하지만 말로 해야지.

 It's not okay to grab.

잡으면 안 되는 거야.

🔀 오늘의 구문

it's not okay to ~ ~하면 안 되는 거야
✔ It's not okay to push. 밀면 안 되는 거야.
✔ It's not okay to call people names. 사람들을 험담하면 안 되는 거야.

🔀 오늘의 단어

excavator 굴착기

🔀 오늘의 포인트

아이들은 감정을 말보다 앞선 행동으로 그대로 표출할 때가 많아요. 감정을 행동이 아닌 말로 표현할 수 있도록 지도해 주세요.

You can say no.

싫다고 말해도 돼.

 The woman keeps asking for a hug.

저 아주머니가 계속 안아 달라고 해요.

 You can say no.

싫다고 말해도 돼.

 Don't hug her if you don't want to.

네가 원하지 않는다면 아주머니를 안아 주지 않아도 돼.

 Okay.

네.

 오늘의 구문

you can say ~ ~를 말해도 돼

✔ You can say what you want. 네가 원하는 것을 말해도 돼.
✔ You can say what you're thinking. 네 생각을 말해도 돼.

 오늘의 단어

woman 여성

 오늘의 포인트

거절에 대한 자신의 의견을 솔직하게 말할 수 있는 것은 중요해요.

Can you pack your bag?

네 가방 좀 싸 줄래?

 Can you pack your bag?

네 가방 좀 싸 줄래?

 What do I pack?

뭘 쌀까요?

 Your snack box and water bottle.

간식통이랑 물병.

 Put them in like this.

여기 이렇게 넣는 거야.

 오늘의 구문

can you pack ~? ~를 싸 줄래?

✔ Can you pack your things? 네 물건들을 싸 줄래?

✔ Can you pack up your laptop? 네 노트북을 챙길래?

오늘의 단어

snack box 간식통

오늘의 포인트

'pack'은 '물건을 챙기다, 물건을 싸다'라는 의미지만 뒤에 'up'을 붙이면 의미가 살짝 달라져요. 'pack up'은 '떠나기 위해 짐을 싸다', 즉 '일을 마치거나 집으로 간다'는 의미예요.

Guess what I am.

내가 무엇인지 맞혀 봐.

 I'm going to make a sound.

내가 소리를 낼 거야.

 Moooo.

음매~

 Guess what I am.

내가 무엇인지 맞혀 봐.

 A cow!

소!

 오늘의 구문

guess what ~ ~가 무엇인지 맞혀 봐
✓ Guess what this is. 이게 무엇인지 맞혀 봐.
✓ Guess what we're going to do. 우리가 뭘 할지 맞혀 봐.

 오늘의 단어

moo 음매

오늘의 포인트

동물 울음소리도 영어와 한국어가 달라요. 한국 고양이와 강아지는 '야옹', '멍멍' 하지만 미국에서는 'meow', 'bow-wow' 하죠.

WEEK 52

최선을 다한 나와 아이를 위한 파티를 해요!

Take your time.

천천히 해.

 There're too many questions!

문제가 너무 많아요!

 I can't do them all.

다 못하겠어요.

 It doesn't need to be all done by today.

오늘 다 안 해도 돼.

 Take your time.

천천히 해.

🔅 오늘의 구문

take (your) time ~ ~를 천천히 시간을 들여서 해
- ✔ Take your time doing it. 그거 천천히 해.
- ✔ Take your time doing your homework. 숙제 천천히 해.

🔅 오늘의 단어

question 문제, 질문

🔅 오늘의 포인트

아이들에게도 자신만의 페이스가 있어요. 아이의 속도가 조금 느리더라도 괜찮다고 격려해 주세요.

It should get better soon.

곧 나아질 거야.

 This cut stings, Mommy!

여기 베인 곳이 따가워요, 엄마!

 I know. You poor thing!

그래 알아. 안쓰러워라!

 When will it get better?

언제쯤 나아질까요?

 It should get better soon.

곧 나아질 거야.

✿ 오늘의 구문

it should get better ~ 나아질 거야

✔ It should get better by tomorrow. 내일까지 나아질 거야.
✔ It should get better within a few days. 며칠 안에 나아질 거야.

✿ 오늘의 단어

cut (배인/긁힌) 상처

✿ 오늘의 포인트

'it'll get better soon'의 실현 가능성이 거의 100퍼센트라면, 'it should get better soon'의 확률은 80~90퍼센트라고 해석할 수 있어요.

Let's try to sleep early today.

오늘은 일찍 자도록 해 보자.

 I'm so sleepy.

너무 졸려요.

 Remember you slept very late yesterday?

어제 너무 늦게 잔 거 기억나?

 I know...

알아요…….

 Let's try to sleep early today.

오늘은 일찍 자도록 해 보자.

 오늘의 구문

let's try to ~ ~하도록 해 보자

✔ Let's try to get ready faster. 더 빨리 준비하도록 해 보자.

✔ Let's try to sleep earlier tonight. 오늘 밤은 더 일찍 자도록 해 보자.

오늘의 단어

early 일찍

오늘의 포인트

아이가 늦잠 자고 다음 날 피곤해한다면, 그 피곤한 느낌을 인지시켜 주세요.
그리고 좀 더 일찍 잠들어서 기분 좋은 하루를 맞이할 수 있게 해 주세요.

You dealt with that well.

(일을) 잘 처리했네.

 So I told them we should take turns.

그래서 제가 그 친구들에게 차례대로 해야 한다고 말했어요.

 You dealt with that well.

(일을) 잘 처리했네.

 You should be proud of yourself.

너 스스로를 자랑스러워해야 해.

 Yeah. Everyone had fun after that!

네. 다들 그 이후로 재미있게 놀았어요!

오늘의 구문

you dealt with ~ ~를 잘 처리했다
- ✔ You dealt with it like a champ! 네가 챔피언처럼 잘 처리했어.
- ✔ You dealt with the situation well. 네가 그 상황을 잘 처리했어.

오늘의 단어

have fun 재미있게 놀다

오늘의 포인트

'deal with'는 '(상황/작업/감정을)다루다/처리하다'라는 의미로 "You dealt with the problem well(그 문제를 잘 처리해 주셨습니다)."과 같이 활용할 수 있어요.

WEEK 2

오늘은 어떤 하루가 펼쳐질까요.

I have a riddle for you.

내가 수수께끼를 하나 낼게.

 **I have a riddle for you.**

내가 수수께끼를 하나 낼게.

What do vampires drink in the morning?

뱀파이어들이 아침에 마시는 게 뭘까?

I don't know.

모르겠는데요.

코피! Get it? Coffee? 코피?

코피야! 이해했어? 커피? 코피?

🏴 오늘의 구문

I have a ~ for you 너에게 해 줄 ~가 있어

✔ I have a joke for you. 너에게 해 줄 농담이 있어.

✔ I have a question for you. 너에게 해 줄 질문이 있어.

🏴 오늘의 단어

vampire 뱀파이어, 흡혈귀

🏴 오늘의 포인트

아이들은 수수께끼를 참 좋아해요. 구글에서 'riddles for kids(아이들을 위한 수수께끼)'를 검색해 보세요. 여러 가지 재미있는 영어 수수께끼들을 찾을 수 있어요.

Did you sleep well?

잘 잤어?

 Good morning, Mommy.

좋은 아침이에요, 엄마.

 Morning, angel.

좋은 아침, 우리 천사.

 Did you sleep well?

잘 잤어?

 Kind of. I wish I could sleep more.

그런 것 같아요. 더 잤으면 좋겠어요.

 오늘의 구문

did you sleep ~? ~잤어?
- Did you sleep okay? 잘 잤어?
- Did you sleep enough? 충분히 잤어?

 오늘의 단어

well 잘, 좋게

오늘의 포인트

'good'과 'well'은 의미는 같지만 'good'은 명사를 꾸며 주는 형용사, 'well'은 동사를 꾸며 주는 부사예요.

You won't know unless you try.

해 보지 않으면 모르는 거야.

 Let's try making this.

이거 한번 만들어 보자.

 That looks hard.

어려워 보이는데요.

 But it might end up being fun.

하지만 결국 재미있는 게 될지도 모르잖아.

 You won't know unless you try.

해 보지 않으면 모르는 거야.

 오늘의 구문

you won't know unless ~ ~하지 않으면 알 수 없다(모른다)
- ✓ You won't know unless you eat it. 먹어 보지 않으면 알 수 없어.
- ✓ You won't know unless you do it. 해 보지 않으면 알 수 없어.

오늘의 단어

end up 결국 ~하게 되다

오늘의 포인트

도전하기보다는 주저하는 성향의 아이에게 도전할 용기를 줄 수 있는 표현이에요.

Clean up your mess.

네가 어지른 걸 치우렴.

Are you done with this origami paper?

종이접기들은 다 끝난 거니?

Yes, I'm done!

네, 다 했어요!

Well then, clean up your mess.

그럼, 네가 어지른 걸 치우렴.

All right...

알겠어요……

🔃 오늘의 구문

clean up ~ ~를 치우다
- ✔ Clean up your garbage. 네 쓰레기들을 치우렴.
- ✔ Clean up the paint and brushes. 물감과 붓들을 치우렴.

🔃 오늘의 단어

origami 종이접기

🔃 오늘의 포인트

'paper(종이)'는 셀 수 없는 명사라 'a piece of paper' 또는 'a sheet of paper'처럼 단위 명사가 있어야 해요.

Double-check you have everything.

모두 다 챙겼는지 한 번 더 확인해 보렴.

Are you all set for art class?

미술 수업 갈 준비 다 됐어?

I'm ready.

준비됐어요.

Double-check you have everything.

모두 다 챙겼는지 한 번 더 확인해 보렴.

I'm good.

다 됐어요.

🌼 오늘의 구문

double-check ~ ~를 한 번 더 확인해
✔ Double-check your room. 네 방을 한 번 더 확인해 봐.
✔ Double-check your answers. 네 답을 한 번 더 확인해 봐.

🌼 오늘의 단어

art class 미술 수업

🌼 오늘의 포인트

두 번 확인해 봐야 할 때는 'check again'보다 'double-check'가 더 자연스러운 표현이에요.

Wash your hands first.

먼저 손을 씻어.

 I just made potato pancakes.

방금 감자전을 만들었어.

 Do you want some?

좀 먹을래?

 Yes!

네!

 Wash your hands first.

먼저 손을 씻어.

 오늘의 구문

wash your ~ 네 ~를 씻어
✔ Wash your face. 네 얼굴을 씻어.
✔ Wash your feet, too. 네 발도 씻어.

 오늘의 단어

potato 감자

 오늘의 포인트

영어로 말할 때는 항상 단수와 복수에 주의해야 해요. 한국어로는 '손'이라는 단수 표현을 쓰지만 영어에서는 '양손'이라는 의미로 'hands'를 사용해요.

No sweets before bedtime.

자기 전에 단것은 안 돼.

 May I please have this lollipop?

이 막대사탕 먹어도 돼요?

 You know the rules...

너도 규칙을 알잖아…….

 No sweets before bedtime.

자기 전에 단것은 안 돼.

 No fair!

불공평해요!

 오늘의 구문

no ~ before bedtime 자기 전에 ~는 안 돼
✔ No candy before bedtime. 자기 전에 사탕은 안 돼.
✔ No ice cream before bedtime. 자기 전에 아이스크림은 안 돼.

오늘의 단어

lollipop 막대사탕

오늘의 포인트

'sweets'는 사탕, 초콜릿, 쿠키, 케이크 등의 모든 단 음식과 디저트를 포함해요.

Tell me what happened.

무슨 일이 있었는지 말해 줄래.

 **What's wrong?**

무슨 일이야?

I don't want to play with them anymore!

쟤들과 더 이상 같이 놀고 싶지 않아요!

Tell me what happened.

무슨 일이 있었는지 말해 줄래.

They keep leaving me out.

계속 저를 따돌려요.

🎯 오늘의 구문

tell me ~ ~를 내게 말해 줘
✔ Tell me who hurt you. 누가 너를 다치게 했는지 말해 줘.
✔ Tell me why you're so sad. 네가 왜 이렇게 슬픈지 말해 줘.

🎯 오늘의 단어

anymore 더 이상

🎯 오늘의 포인트

"Tell me what happened."는 명령문이에요. 아이와 대화할 때 본론부터 바로 들어가야 할 경우 명령문을 사용해 말할 수 있어요.

Would you like more?

더 줄까?

 This is so yummy!

이거 너무 맛있어요!

 Would you like more?

더 줄까?

 Yes, please!

네, 좋아요!

 Coming right up!

바로 가져다줄게!

 오늘의 구문

would you like ~? 너 ~ 줄까?

✔ Would you like more rice? 밥 더 줄까?

✔ Would you like something to drink? 마실 것 줄까?

오늘의 단어

come up 나오다

오늘의 포인트

'would you like ~'는 정중한 표현이에요. 저는 아이들도 정중한 표현을 배웠으면 하는 마음으로 종종 아이들에게 이렇게 말해요.

Who's 'it'?

누가 술래야?

Hey, do you want to play tag?

애야, 술래잡기할래?

Yes, yes, yes!

네, 네, 좋아요!

Okay. Who's 'it'?

좋아. 누가 술래야?

You are, Mommy!

엄마가 해요!

🏁 **오늘의 구문**

who's ~? 누가 ~야?

✔ Who's the seeker? 누가 찾는 사람이야?

✔ Who's the dealer? 누가 파는 사람이야?

🏁 **오늘의 단어**

tag 술래잡기

🏁 **오늘의 포인트**

술래잡기는 영어로 'tag'라고 하고, 술래는 'it'이라고 해요.

WEEK

51

무탈한 하루를 보낸 것에 감사해요.

I'm proud of you.

나는 네가 자랑스러워.

 Look, Mommy.

보세요, 엄마.

 The teacher said I did a good job.

선생님이 제가 잘했다고 하셨어요.

 Wow, she did. Well done.

어머, 그러셨구나. 잘했네.

 I'm proud of you.

나는 네가 자랑스러워.

 오늘의 구문

I'm proud of ~ 나는 ~가 자랑스러워

✔ I'm proud of you for doing your best. 나는 네가 최선을 다해서 자랑스러워.

✔ I'm proud of you for not giving up. 나는 네가 포기하지 않아서 자랑스러워.

오늘의 단어

say 말하다

오늘의 포인트

어떤 점이 자랑스러운지 좀 더 구체적으로 말하고 싶다면 'I'm proud of you for + -ing' 패턴을 활용해 보세요.

Do you want to wear this or that?

이거 입을래, 저거 입을래?

 ## We're going to take a walk.

우리 산책 갈 거야.

 ## Do you want to wear this or that?

이거 입을래, 저거 입을래?

 ## I don't like that one. It's itchy.

저건 싫어요. 가려워요.

 ## Okay, then put this one on.

응, 그럼 이걸 입어.

 오늘의 구문

~ this or that 이거 아니면 저거, 이런저런
✔ Do you like this or that? 이게 좋아, 저게 좋아?
✔ Which is better, this or that? 어떤 게 더 좋아, 이거 아니면 저거?

오늘의 단어

itchy 가려운

오늘의 포인트

아이 옷 입히는 일 하나도 쉽지 않죠? 그럴 때 아이에게 두세 가지 선택지를 주고 고르게 하는 것도 좋은 방법이에요.

Are you not hungry?

배고프지 않아?

 ## You haven't eaten anything.

너 아무것도 안 먹었잖아.

 ## Are you not hungry?

배고프지 않아?

 ## I'm not hungry, Mommy.

배가 안 고파요, 엄마.

 ## I don't want to eat.

먹고 싶지 않아요.

 오늘의 구문

are you not ~? ~하지 않아?
- Are you not done? 끝나지 않았어?
- Are you not feeling well? 컨디션이 좋지 않아?

오늘의 단어

hungry 배고픈

오늘의 포인트

엄마에게는 항상 아이를 잘 먹여야 한다는 미션이 있는 것 같아요. 속상하지만 때로는 아이의 의견을 존중해야 할 때도 있어요.

You're a fast learner!

너는 배우는 속도가 빠르구나!

So, how does the pawn move?

그래서, 졸병은 어떻게 움직이지?

It can only move forward.

앞으로만 움직일 수 있어요.

That's right!

그래 맞아!

You're a fast learner!

너는 배우는 속도가 빠르구나!

✿✿ 오늘의 구문

you're a fast ~ 너는 ~ 빠르구나

✔ You're a fast runner. 너는 달리기가 빠르구나.

✔ You're a fast swimmer. 너는 수영을 빨리 하는구나.

✿✿ 오늘의 단어

pawn (체스의) 졸병

✿✿ 오늘의 포인트

'fast learner'는 '빨리 배우는 사람'이에요. 이 표현은 이력서나 취업 인터뷰에도 자주 등장한답니다.

WEEK 3

시작했다는 것만으로도 충분히 멋져요!

I don't mind going last.

나는 마지막에 해도 괜찮아.

 I'm going to be first!

내가 제일 먼저 할래요!

 Okay. I don't mind going last.

좋아. 나는 마지막에 해도 괜찮아.

 Do you want to pick your character?

네 캐릭터를 고를래?

 Ooh, I want to be the doggy.

오, 저는 강아지를 고르고 싶어요.

🟦 오늘의 구문

I don't mind ~ 나는 ~해도 괜찮아
- ✓ I don't mind waiting. 나는 기다려도 괜찮아.
- ✓ I don't mind doing something else. 나는 다른 것을 해도 괜찮아.

🟦 오늘의 단어

doggy (유아어) 개

🟦 오늘의 포인트

동사 'mind'의 사전적 의미는 '언짢아하다'로 부정적 의미를 내포하고 있어요. 따라서 'don't'와 함께 쓰이면 '언짢지 않다, 괜찮다'는 의미예요.

You need to wash your face.

세수를 해야 해.

What should you do next?

다음으로 무엇을 해야 하지?

I don't know.

몰라요.

You need to wash your face.

세수를 해야 해.

Okay.

알겠어요.

🌸 **오늘의 구문**

need to ~ ~를 해야 해
✔ You need to walk quietly. 조용히 걸어야 해.
✔ You need to eat all your food. 네 음식을 다 먹어야 해.

🌸 **오늘의 단어**

wash (one's) face
세수를 하다

🌸 **오늘의 포인트**

영어로 신체 일부를 말할 때 소유격을 사용하지 않으면 어색한 경우가 있어요. 'your face(너의 얼굴)', 'his eyes(그의 눈)'처럼 소유격을 활용해 주세요.

Treat living things with kindness.

생명은 소중하게 대해야 해.

 Mommy, look at these ants!

엄마, 이 개미들 좀 보세요!

 I'm going to step on them.

개미들 밟아 볼래요.

 No. Don't do that.

안 돼. 그러지 마.

 Treat living things with kindness.

생명은 소중하게 대해야 해.

⚙ 오늘의 구문

treat A with B A를 B하게 대해야 해
- Treat animals with kindness. 동물들을 소중하게 대해야 해.
- Treat others with respect. 다른 사람들을 존중해야 해.

⚙ 오늘의 단어

step on 밟다

⚙ 오늘의 포인트

공원에 가면 호기심에 곤충을 괴롭히거나 꽃을 꺾는 아이들이 종종 있어요. 아무리 작은 생명이라도 생명은 모두 소중하다는 걸 알려 주세요.

Use your words.

말로 해야지.

 ## I see that you're very angry.

네가 화가 많이 난 것 같네.

 ## I'm really angry!

정말 화나요!

 ## But it's not okay to hit.

그렇다고 때려도 되는 건 아니야.

 ## Use your words.

말로 해야지.

오늘의 구문

use your ~ 너의 ~를 사용해
- Use your indoor voice. 조용히 말해.
- Use your imagination. 상상력을 발휘해 봐.

오늘의 단어

word 말, 단어

오늘의 포인트

화가 나거나 기분이 좋지 않을 때 아이의 몸이 먼저 반응하곤 해요. 그럴 때는 단호하게 말해 주세요.

What can you do next?

다음에 무엇을 해야 하지?

 Mommy, I brushed my teeth!

엄마, 양치를 했어요!

 What can you do next?

다음으로 무엇을 해야 하지?

 Oh, I know! I need to wash my face.

앗, 저 알아요! 세수를 해야 해요.

 That's right. Good job!

그래 맞아. 잘했어!

 오늘의 구문

what can you do ~? 너는 무엇을 해야 하지?

✓ What can you do every morning? 매일 아침 무엇을 해야 하지?

✓ What can you do when you wake up? 일어나면 무엇을 해야 하지?

오늘의 단어

brush 솔질하다

 오늘의 포인트

"What can you do next?"는 "What should you do next?"보다 좀 더 부드럽고, 덜 강제적인 뉘앙스가 있어요.

Get changed first.

일단 옷부터 갈아입으렴.

 Are we leaving for taekwondo now?

우리 지금 태권도 수업에 가나요?

 In about ten minutes.

10분쯤 뒤에.

 Get changed first.

일단 옷부터 갈아입으렴.

 It's in the bottom drawer.

가장 아래 서랍에 있어.

 오늘의 구문

get (과거분사) first 일단 ~해
✓ Get undressed first. 일단 옷부터 벗어.
✓ Get changed into comfy clothes first. 일단 편안한 옷으로 갈아입어.

 오늘의 단어

drawer 서랍

오늘의 포인트

유도, 주짓수, 태권도 등의 모든 무술과 무도를 통칭해 'martial arts'라고 해요.

I told you many times to stop.

그만하라고 여러 번 말했잖아.

 I told you many times to stop.

그만하라고 여러 번 말했잖아.

 You need a time-out.

너는 타임아웃이 필요해.

 No!

싫어요!

 Come, sit over here.

이리 와, 이쪽에 앉아.

 오늘의 구문

I told you many times to ~ ~라고 여러 번 말했다
✔ I told you many times to eat dinner. 저녁 먹으라고 여러 번 말했잖아.
✔ I told you many times to do your homework. 숙제하라고 여러 번 말했잖아.

오늘의 단어

time-out
중간 휴식

오늘의 포인트

'time-out'은 운동경기에서는 잠깐 중지를 의미하는 표현이지만, 훈육에서는 '혼자만의 반성 시간을 갖다'라는 의미로 쓰여요.

You're getting better.

점점 나아지고 있어.

 **I lost again!**

제가 또 졌어요!

I'm so bad at this game.

나는 이 게임을 정말 못해요.

You're getting better.

점점 나아지고 있어.

Let's try again.

다시 해 보자.

⚙️ 오늘의 구문

get better 좋아지다, (병이) 호전되다
- ✓ She's getting better. 그녀는 점점 나아지고 있어.
- ✓ You'll get better. 너는 좋아질 거야.

⚙️ 오늘의 단어

lose 지다

⚙️ 오늘의 포인트

살다 보면 늘 이길 수만은 없죠. 따라서 아이가 올바른 패배의 경험과 그것을 받아들이는 태도를 갖게 하는 것도 매우 중요해요.

Let me help.

내가 도와줄게.

 I can't zip my bag.

가방 지퍼를 못 잠그겠어요.

 Let me help.

내가 도와줄게.

 There you go. The zipper was stuck.

자, 여기. 지퍼가 끼었네.

 Thank you, Mommy.

고마워요, 엄마.

❖ 오늘의 구문

let me ~ 내가 ~할게
- ✔ Let me wash it. 내가 씻어 줄게.
- ✔ Let me fix it. 내가 고쳐 줄게.

❖ 오늘의 단어

stuck 갇힌, 막힌

❖ 오늘의 포인트

아이에게 도움을 줄 때, 'I'll help'보다는 좀 더 부드러운 표현인 'let me help'를 많이 사용해요. 'let'이 있어 허락을 구하는 것으로 해석될 수 있지만 실제로 그런 의미는 아니에요.

Now, it's your turn.

이제 네 차례야.

Now, it's your turn.

이제 네 차례야.

I already rolled the dice.

전 이미 주사위들을 던졌어요.

Oh, you already moved your piece?

오, 벌써 네 말을 옮긴 거야?

Now, it's your turn, Mommy!

이제 엄마 차례예요!

🎲 오늘의 구문	🎲 오늘의 단어	🎲 오늘의 포인트
it's your turn to ~ 이제 네가 ~할 차례다	**piece** (게임의) 말	주사위의 단수 형태는 'die'이고 복수 형태는 'dice'예요. 주사위를 '던지다'라는 의미의 동사들에는 'throw', 'toss', 'roll'이 있어요.
✔ It's your turn to go. 네가 갈 차례야.		
✔ It's your turn to make a move. 이제 네가 움직일 차례야.		

WEEK

50

잠든 아이의 얼굴을 보면 힘들었던 하루가 거짓말 같아요.

How wonderful!

정말 멋지다!

 Mommy, I drew this.

엄마, 제가 이걸 그렸어요.

 How wonderful!

정말 멋지다!

 Can you tell me about it?

그것에 대해 말해 줄 수 있어?

 It's our apartment, and that's us.

그건 우리 아파트고, 저건 우리예요.

:: 오늘의 구문

how (형용사) 정말 ~하다

✔ How beautiful is that! 저거 정말 아름답다!

✔ How cute! 정말 귀엽다!

:: 오늘의 단어

wonderful 멋진, 굉장한

:: 오늘의 포인트

형용사만으로도 감정을 표현하고 칭찬을 할 수 있지만, 좀 더 드라마틱한 효과를 내고 싶다면 앞에 'how'를 붙여 보세요.

You are safe with me.

넌 나와 함께 있으면 안전해.

 What's wrong? Are you okay?

무슨 일이야? 괜찮아?

 The movie was scary...

영화가 무서웠어요…….

 Don't worry. It's just a movie.

걱정하지 마. 그냥 영화잖아.

 You are safe with me.

넌 나와 함께 있으면 안전해.

❋ 오늘의 구문

~ **is safe with me** ~는 나와 함께면 안전해
✔ Your secret is safe with me. 네 비밀은 나와 함께면 안전해.
✔ Your wallet is safe with me. 네 지갑은 나와 함께면 안전해.

❋ 오늘의 단어

scary 무서운, 겁나는

❋ 오늘의 포인트

아이가 부모와 함께할 때 안전하다고 느끼도록 하는 건 부모의 가장 중요한 역할 중 하나일 거예요. 불안해하는 아이들을 안심시키고 싶을 때 활용할 수 있는 표현이에요.

Let's have a lazy morning.

아침을 여유롭게 즐기자.

 ## It's the weekend, Mommy!

주말이에요, 엄마!

 ## We don't have anything today.

우리 오늘 특별한 일정은 없네.

 ## Let's have a lazy morning. Okay?

여유로운 아침을 즐기자. 좋아?

 ## Yay!

야호!

오늘의 구문

let's have ~ ~를 하자
✔ Let's have some fun! 재미있게 놀자!
✔ Let's have a fresh start! 새롭게 시작하자!

오늘의 단어

weekend 주말

오늘의 포인트

'lazy'가 사람을 꾸며 줄 때는 '게으른'이란 의미지만 시간, 날짜, 요일에 쓰일 때는 '느긋한, 여유로운' 이란 의미예요.

I know you can do it!

네가 할 수 있다는 걸 알아!

 I can't draw a giraffe well.

기린을 잘 못 그리겠어요.

 The more you practice, the better you'll be.

좀 더 연습하면 더 잘 될 거야.

 Okay...

알겠어요······.

 I know you can do it!

네가 할 수 있다는 걸 알아!

 오늘의 구문

I know you can ~ 네가 ~할 수 있다는 걸 알아
✔ I know you can finish it. 네가 끝낼 수 있다는 걸 알아.
✔ I know you can find it. 네가 찾을 수 있다는 걸 알아.

오늘의 단어

giraffe 기린

오늘의 포인트

아이가 어쩐 일인지 자신감을 잃었다면 잘했던 일들을 떠올려 주며 용기를 북돋아 주세요.

WEEK 4

오늘의 문장을 실생활에 활용해 봐요.

Let's set a limit on time.

시간제한을 두자.

Let's play a trivia game.

트리비아 게임을 하자.

Whoever answers the most questions wins.

답을 가장 많이 맞힌 사람이 이기는 거야.

Let's set a limit on time.

시간제한을 두자.

Okay. How about ten seconds?

좋아요. 10초 어때요?

 오늘의 구문

let's set a limit on ~ ~에 제한을 두자
- Let's set a limit on points. 점수에 제한을 두자.
- Let's set a limit on clues. 힌트에 제한을 두자.

오늘의 단어

win 이기다

오늘의 포인트

정해진 게임의 규칙을 따르는 것도 좋지만 아이 스스로 게임의 규칙을 만들고 구성원 모두가 함께 규칙에 따라 게임을 즐기는 경험은 아이의 자존감을 높일 수 있어요.

Let's check the weather.

날씨를 확인해 보자.

 I don't know what to wear.

무엇을 입어야 할지 모르겠어요.

 Then, let's check the weather.

그럼, 날씨를 확인해 보자.

 Look. It's cold and windy today.

봐 봐. 오늘은 춥고 바람이 많이 불어.

 I'll wear long sleeves today.

오늘은 긴소매 옷을 입어야겠어요.

🌸 **오늘의 구문**

let's check ~ ~를 확인해 보자

✔ Let's check the time. 시간을 확인해 보자.

✔ Let's check our schedule. 우리 스케줄을 확인해 보자.

🌸 **오늘의 단어**

long sleeves 긴소매 옷

🌸 **오늘의 포인트**

날씨를 표현할 때, 한 지역에는 한 가지 종류의 날씨가 존재하므로 'weather' 앞에 관사 'the'가 필요해요.

Be yourself.

너답게 해.

All my friends chose the yellow one.

제 친구들은 모두 노란색을 골랐어요.

But I like blue.

하지만 전 파랑이 좋아요.

You don't have to copy other kids.

다른 친구들을 따라 할 필요는 없어.

 Just be yourself.

그냥 너답게 해.

❖ 오늘의 구문

be (명사) ~가 되다
- ✔ Be a good sister. 좋은 언니가 되렴.
- ✔ Be the best you can be. 할 수 있는 한 최선을 다하렴.

❖ 오늘의 단어

copy 따라 하다

❖ 오늘의 포인트

자신의 생각보다 친구들 분위기에 휩쓸리기 쉬운 아이들이에요. 타인의 시선을 의식하기보다 자신을 바라볼 수 있도록 조언해 주세요.

Please wait until I'm finished.

내가 다 끝날 때까지 기다려 주렴.

 Mommy! Mommy! Can you help me?

엄마! 엄마! 저 좀 도와줄 수 있어요?

 I'm talking to Auntie Helen.

엄마는 헬렌 이모랑 얘기하고 있어.

 Please wait until I'm finished.

엄마가 다 끝날 때까지 기다려 주렴.

 Okay...

네…….

 오늘의 구문

please wait until ~ ~할 때까지 기다려 줘
- ✔ Please wait until I set the table. 식사 준비를 끝낼 때까지 기다려 줘.
- ✔ Please wait until we're home. 우리가 집에 갈 때까지 기다려 줘.

오늘의 단어

auntie 이모, 숙모

오늘의 포인트

아이들이 놀이하거나 말하는 상황에서 자기 순서를 기다려야 한다는 걸 알려줄 때도 활용할 수 있는 표현이에요.

Do you need help with that?

도움이 필요하니?

 ## I can't close this.

이걸 못 닫겠어요.

 ## Do you need help with that?

도움이 필요하니?

 ## Yeah. Can you help me?

네. 도와주실래요?

 ## Of course, sweetie.

물론이지, 얘야.

 오늘의 구문

do you need help with ~? ~에 도움이 필요하니?
- Do you need help with this? 이거 하는 데 도움이 필요하니?
- Do you need help with your homework? 숙제하는 데 도움이 필요하니?

 오늘의 단어

close 닫다

오늘의 포인트

저는 아이들이 무언가를 하기 어려워할 때, 바로 도와주기보다는 "Do you need my help?"라고 물어봐요. 아이들도 무언가를 스스로 해내고 싶어 할 때가 있으니까요.

Where should you put your bag?

네 가방을 어디에 둬야 하지?

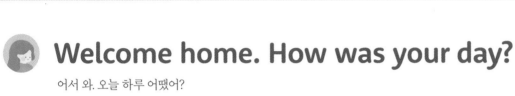

Welcome home. How was your day?

어서 와. 오늘 하루 어땠어?

It was great!

아주 좋았어요!

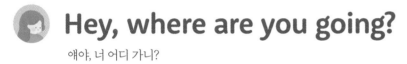

Hey, where are you going?

얘야, 너 어디 가니?

Where should you put your bag?

네 가방을 어디에 둬야 하지?

 오늘의 구문

where should you put ~? ~를 어디에 둬야 하지?
✓ Where should you put your pen? 네 펜을 어디에 둬야 하지?
✓ Where should you put your socks? 네 양말을 어디에 둬야 하지?

오늘의 단어

welcome home 어서 와

 오늘의 포인트

아이에게 해야 할 일을 알려 주는 건 어렵지 않아요. 하지만 아이가 스스로 할 일을 잘 기억하고 떠올리게 하고 싶다면 오늘의 표현을 활용해 보세요.

Get off my bed!

내 침대에서 나와!

 Get off my bed this instant!

당장 내 침대에서 나와!

 You cannot do that!

그렇게 하면 안 돼!

 Okay.

네.

 No jumping on the bed.

침대에서 뛰면 안 돼.

 오늘의 구문

get off ~ ~를 놓다, 내리다
- ✔ Get off me. 이거 놔.
- ✔ Get off at this stop. 이번 정류장에서 내리렴.

 오늘의 단어

jump 뛰다

오늘의 포인트

원어민은 평소 'can't(can+not)', 'don't(do+not)'과 같이 축약형을 선호하지만 강조할 필요가 있을 때는 줄이지 않고 "You cannot do that."과 같이 말해요.

It's okay to feel angry.

화가 나는 건 괜찮아.

 I was so mad, so I pushed her!

너무 화가 나서, 그녀를 밀쳤어요!

 It's okay to feel angry.

화가 나는 건 괜찮아.

 But it's never okay to push people.

하지만 사람을 밀치는 건 절대 안 돼.

 Can you use your words?

말로 할 수 있지?

 오늘의 구문

it's okay to feel ~ ~를 느끼는 건 괜찮아
- It's okay to feel sad. 슬퍼해도 괜찮아.
- It's okay to feel afraid. 두려운 기분이 들어도 괜찮아.

 오늘의 단어

push 밀다

오늘의 포인트

'angry'와 'mad'는 모두 '화남'이라는 의미지만, 구어체에서는 'mad'가 주로 쓰이는데 때때로 'crazy(미친)'의 의미로 받아들일 수 있으니 주의하세요.

No need to rush.

서두를 필요 없어.

 I'm going to wash up super fast.

엄청 빨리 씻을게요.

 No need to rush.

서두를 필요 없어.

 You can take your time.

천천히 해도 돼.

 Okay.

알겠어요.

 오늘의 구문

no need to~ ~할 필요 없다

✔ No need to worry. 걱정할 필요 없어.

✔ No need to run. 뛸 필요 없어.

 오늘의 단어

rush 서두르다

오늘의 포인트

원어민은 '그럴 필요 없어'라는 의미의 'no need'라는 표현을 많이 사용한답니다. 때때로 아이의 과도한 액션을 잠재울 때 활용할 수 있어요.

Who's going first?
누가 먼저 할래?

Okay, let's start playing.
좋아, 이제 놀이를 시작해 보자.

Who's going first?
누가 먼저 할래?

I am! I am!
저요! 저요!

Okay, go ahead.
그래, 먼저 해.

🔧 **오늘의 구문**

who's going ~? 누가 ~할래?
✔ Who's going second? 누가 두 번째로 할래?
✔ Who's going last? 누가 마지막으로 할래?

🔧 **오늘의 단어**

go ahead 앞서가다

🔧 **오늘의 포인트**

"Who's going first?"라는 질문에 원어민은 주로 "I am." 또는 "Me."라고 대답해요. 우리 말로는 "저요, 저요!!"와 같은 표현이겠죠.

WEEK
49

대화로 해결할 수 없는 일은 없어요.

I'm always on your side.

난 항상 네 편이야.

 You just blame me all the time.

엄마는 항상 나만 탓해요.

 It may seem like that...

그렇게 보일 수 있겠지…….

 But I'm always on your side.

하지만 난 항상 네 편이야.

 Okay...

알겠어요…….

 오늘의 구문

always on your side 항상 네 편이야

✔ We're always on your side. 우리는 항상 네 편이야.
✔ Daddy is always on your side. 아빠는 항상 네 편이야.

 오늘의 단어

blame 탓하다

오늘의 포인트

'on your side'가 너와 한 팀, 네 편이라는 의미라면, 'by your side'는 네 곁에 있다는 의미예요.

Slow down.

천천히 하렴.

 Look at me, Mommy!

저 좀 보세요, 엄마!

 I can run super fast!

정말 빨리 달릴 수 있어요!

 Slow down.

천천히 하렴.

 Let's enjoy our walk together.

우리 다 같이 산책을 즐기자.

❌ 오늘의 구문

slow down 천천히 하다

✔ Slow down. I have time. 천천히 해. 나 시간 있어.

✔ Slow down. You don't have to eat so fast. 천천히 해. 그렇게 빨리 먹을 필요 없어.

❌ 오늘의 단어

enjoy 즐기다

❌ 오늘의 포인트

바깥 활동을 할 때 아이들은 늘 흥분하기 마련이죠. 아이들이 보다 차분하게 그 상황을 즐기게 해 주고 싶을 때 활용할 수 있는 표현이에요.

How are you feeling?
몸은 좀 어때?

How are you feeling?

몸은 좀 어때?

I have a stuffy nose.

코가 막혔어요.

How's your throat?

목은 어때?

My throat feels okay.

목은 괜찮은 거 같아요.

오늘의 구문

how are you feeling? 몸은 좀 어때?
✔ How are you feeling today? 오늘 몸은 좀 어때?
✔ How are you feeling this morning? 오늘 아침 몸은 좀 어때?

오늘의 단어

stuffy nose 코 막힘

오늘의 포인트

모든 부모가 그렇겠지만 아이가 아프면 정말 마음이 많이 쓰여요. 평소 아이의 컨디션을 체크할 때 활용하기 좋은 표현이에요.

What wonderful teamwork!

정말 멋진 팀워크네!

mental well-being

DAY
335

 Look at the castle we made, Mommy!

우리가 만든 성을 보세요, 엄마!

 How amazing!

정말 대단하네!

 I cut the pieces, and Theo glued them.

제가 조각을 자르고 테오가 풀로 붙였어요.

 What wonderful teamwork!

정말 멋진 팀워크네!

🔖 오늘의 구문

what a(n) A B 정말 A한 B다
- ✔ What a cute hat! 정말 귀여운 모자네!
- ✔ What a fun book! 정말 재미있는 책이네!

🔖 오늘의 단어

glue (풀로) 붙이다

🔖 오늘의 포인트

'what'을 이용해 감탄문을 만들 때는 'what a(an)+형용사+명사'를 사용하지만, 명사가 'teamwork'처럼 복수 또는 셀 수 없는 명사 일 때는 a(an)를 생략해요.

WEEK 5

처음엔 쑥스럽지만 하다 보면 늘어요.

Deal the cards.

카드를 나눠 주렴.

 Can we please play this game?

우리 이 게임 해도 될까요?

 Sure. Deal the cards out to each person.

좋아. 각자에게 카드를 나눠 주렴.

 Okay.

알겠어요.

 After that, put the tiles in here.

그리고 나서, 타일들은 이 안에 넣어 줘.

 오늘의 구문

deal out ~ (카드를) 나누다
- Deal out five cards to each player. 각자에게 다섯 장씩 카드를 나눠 줘.
- Deal all of the cards out. 카드를 모두 나눠 줘.

오늘의 단어

each 각각

 오늘의 포인트

카드놀이를 할 때 자주 쓰는 표현에는 'shuffle the cards(카드를 섞다)', 'deal the cards(패를 돌리다)'도 있어요.

Breakfast is ready!

아침 식사가 준비됐어!

 Breakfast is ready!

아침 식사가 준비됐어!

 I'm so hungry!

배가 너무 고파요!

 What's for breakfast, Mommy?

아침 메뉴는 뭐예요, 엄마?

 Scrambled eggs and toast.

스크램블드에그와 토스트야.

🔧 오늘의 구문

~ be ready ~가 준비됐어

✔ **Daddy is ready.** 아빠는 준비됐어.

✔ **The food is ready.** 음식이 준비됐어.

🔧 오늘의 단어

breakfast 아침 식사
(break=깨다, fast=금식, 단식)

🔧 오늘의 포인트

식사가 준비돼 아이들을 부를 때 가장 흔히 사용하는 표현이에요. 어떤 일의 준비가 완료됐을 때 두루 활용할 수 있어요.

Try again!
다시 해 보렴!

 I'm stacking cups.

컵 쌓기를 하고 있어요.

 That looks fun.

재미있겠다.

 But I can't get higher than this row.

그런데 여기 이상은 못하겠어요.

 Try again! You got this!

다시 해 보렴! 넌 할 수 있어!

 오늘의 구문

try ~ ~ 해 보다

✓ Try a few more times. 몇 번 더 해 보렴.
✓ Try until you get it. 될 때까지 해 보렴.

 오늘의 단어

stack 쌓다

오늘의 포인트

'try'는 '시도하다, 해 보다'라는 의미로, 관련 표현이 많아요. 대표적으로는 'try on(입어 보다)', 'try out(테스트해 보다)'가 있죠.

Get down now.

당장 내려와.

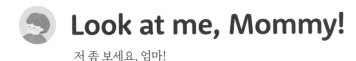 **Look at me, Mommy!**

저 좀 보세요, 엄마!

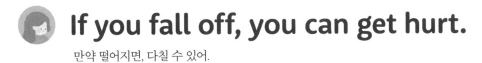 **If you fall off, you can get hurt.**

만약 떨어지면, 다칠 수 있어.

Get down now.

당장 내려와.

All right...

알겠어요…….

🔳 오늘의 구문	🔳 오늘의 단어	🔳 오늘의 포인트
get down 내려와	**fall off** 떨어지다	영미권 영화에서 종종 화가 난 부모가 아이에게 "Get down this instant(지금 당장 내려와)!"라
✔ Get down from that tree. 그 나무에서 내려와.		고 하는 걸 볼 수 있어요. 그만큼 자주 사용하는 표현이죠.
✔ Get down right now! 지금 당장 내려와!		

No more screen time for today.
오늘은 더 이상 화면 시청 시간은 안 돼.

 Can I play another game on my tablet?

제 태블릿에서 다른 게임을 해도 돼요?

 No more screen time for today.

오늘은 더 이상 화면 시청 시간은 안 돼.

 Please!

제발요!

 That's enough. Turn it off.

충분하잖아. 그걸 끄렴.

오늘의 구문

no more ~ for today 오늘은 더 이상 ~는 안 돼
- No more TV for today. 오늘은 더 이상 TV는 안 돼.
- No more video games for today. 오늘은 더 이상 게임은 안 돼.

오늘의 단어

enough 충분한

오늘의 포인트

'screen time'을 '화면 시청 시간'이라 번역했지만, 실제로는 컴퓨터나 TV, 게임기와 같은 시청각 장치를 사용하는 시간을 의미해요.

Who did you play with today?
오늘 누구랑 놀았어?

Who did you play with today?

오늘 누구랑 놀았어?

I played with Ryu-won.

류원이랑 놀았어요.

What did you guys do?

무엇을 했니?

We played freeze tag.

얼음땡을 했어요.

⊞ 오늘의 구문

who did you ~ with today? 오늘 누구랑 ~했니?
- ✔ Who did you play soccer with today? 오늘 누구랑 축구했어?
- ✔ Who did you play badminton with today? 오늘 누구랑 배드민턴 쳤어?

⊞ 오늘의 단어

freeze tag 얼음땡

⊞ 오늘의 포인트

공과 유사한 도구를 사용하는 종목들은 모두 동사로 'play'를 사용해요.

You'll remember next time.

네가 다음에는 기억하겠지.

 I was so worried!

엄마가 정말 걱정했어!

 I should have called you...

전화 드렸어야 했는데…….

 That's right.

맞아.

 You'll remember next time.

네가 다음에는 기억하겠지.

오늘의 구문

you'll remember ~ 네가 ~를 기억하겠지
- You'll remember to do it. 네가 그걸 하는 걸 기억하겠지.
- You'll remember if it happens again. 그런 일이 또 일어난다면 네가 기억하겠지.

오늘의 단어

call 전화하다, 부르다

오늘의 포인트

아이에게 같은 이야기를 반복해야 하는 순간이 무척 많지만 그중에서도 안전을 위한 말은 아무리 강조하고 반복해도 지나치지 않을 거예요.

Take a deep breath.

숨을 깊게 들이쉬렴.

 He's always tattling on me!

재는 항상 나에 대해서 고자질해요!

 I can't stand it! He's annoying!

저는 못 참겠어요! 재 짜증 나요.

 Calm down and take a deep breath.

진정하고 숨을 깊게 들이쉬렴.

 Then, we can talk about it.

그리고 나서 그것에 관해 이야기해 보자.

 오늘의 구문

take a breath 숨을 쉬다
- ✔ Take three deep breaths. 숨을 깊게 세 번 들이쉬렴.
- ✔ Take a breath and count to five. 숨을 들이쉬고, 다섯까지 세어 봐.

오늘의 단어

calm down
진정하다

오늘의 포인트

아이가 화가 났을 때는 화가 난 마음을 스스로 가라앉힐 수 있도록 지도해 줄 필요가 있어요.

Are you sure you have everything?

네 물건을 다 챙긴 거 확실해?

I'm ready, Mommy.

준비 다 됐어요, 엄마.

Are you sure you have everything?

네 물건을 다 챙긴 거 확실해?

I think so.

그런 것 같아요.

Your bag? Your phone?

가방은? 휴대전화는?

 오늘의 구문

are you sure you ~? 네가 ~한 거 확실해?

✔ Are you sure you have your things? 네 물건들은 다 챙긴 거 확실해?

✔ Are you sure you have your swimsuit? 수영복 챙긴 거 확실해?

오늘의 단어

everything 모든 것

오늘의 포인트

'everything', 'everyone' 등은 단수 대명사예요. '모든 것'이라는 의미이지만 단수 동사를 사용해야 하기 때문에 'everything is'가 정확한 표현이에요.

That's a good choice!

좋은 선택이야!

Which board game should we play?

우리 어떤 보드게임을 할까?

How about this one?

이건 어때요?

We haven't played this one in a long time.

우리 이건 오랫동안 안 했잖아요.

That's a good choice!

좋은 선택이야!

🔹 오늘의 구문

that's a good ~ 그건 좋은 ~야

✔ That's a good idea. 그건 좋은 생각이야.
✔ That's a good shot. 그건 좋은 숏이야.

🔹 오늘의 단어

board game 보드게임

🔹 오늘의 포인트

'choice'를 동사로 알고 말하는 경우가 가끔 있어요. 그렇지만 'choice'는 '선택'이라는 의미의 명사이고, 동사 '선택하다'는 'choose'라는 것을 기억해 두세요.

WEEK 48

사랑 받은 아이는 사랑을 주는 법도 알지요.

Let's celebrate.

축하하자.

 I can't believe I did it.

제가 해냈다는 게 믿기지 않아요.

 I was so nervous.

저 너무 떨렸어요.

 I'm so proud of you.

네가 정말 자랑스러워.

 Let's celebrate when we get home.

집에 가서 축하하자.

✿ 오늘의 구문

let's celebrate ~ ~를 축하하자
✔ Let's celebrate your achievement. 네 성과를 축하하자.
✔ Let's celebrate with pizza! 피자를 먹으며 축하하자!

✿ 오늘의 단어

nervous 불안해하는

✿ 오늘의 포인트

'celebrate'는 직역하면 '축하하다'라는 의미이지만, 그 안에는 축하 파티를 하거나 기념할 만한 행동을 한다는 의미가 포함돼 있어요.

You've got a good memory!

너는 기억력이 좋구나!

It's your turn to find the same cards.

네가 (그림이) 같은 카드를 찾을 차례야.

Okay. Hm... This card... And this card!

알겠어요. 흠…… 이 카드…… 그리고 이 카드요!

Yay!

유후!

You've got a good memory!

너는 기억력이 좋구나!

😈 오늘의 구문

you've got a good ~ 너는 ~가 좋다

✔ You've got a good voice. 너는 목소리가 좋구나.
✔ You've got a good aim. 너는 조준 실력이 좋구나.

😈 오늘의 단어

memory 기억

😈 오늘의 포인트

작은 게임의 승패를 두고도 아이는 크게 기뻐하고 또 크게 실망해요. 매일 쑥쑥 자라는 키만큼 마음도 재능도 자라고 있다는 걸 알려 주세요.

We're going to walk there.

우리 걸어갈 거야.

How are we going to the park?

공원에 어떻게 가요?

We're going to walk there.

우리 걸어갈 거야.

Can I take my scooter?

킥보드 가져가도 돼요?

Of course, You can.

물론이지.

❀ 오늘의 구문

we're going to ~ there 우리는 거기에 ~로 갈 거야
✔ We're going to drive there. 우리는 거기에 차 타고 갈 거야.
✔ We're going to take the subway there. 우리는 거기에 지하철 타고 갈 거야.

❀ 오늘의 단어

park 공원

❀ 오늘의 포인트

한국에서는 'scooter(스쿠터)'가 소형 오토바이를 가리키지만, 영미권에서는 아이들이 즐겨 타는 킥보드 등도 'scooter'라고 불러요.

You mean the world to me!

너는 내게 세상의 전부야!

 Mommy, how much do you love me?

엄마, 저를 얼마나 사랑해요?

 I love you more than chocolate!

초콜릿보다 더 사랑해!

 I love you more than my favorite toy!

저는 제가 제일 좋아하는 장난감보다 더 엄마를 사랑해요!

 Awww! You mean the world to me!

오! 너는 내게 세상의 전부야!

🔲 오늘의 구문

you mean ~ to me 너는 내게 ~야
- ✔ You mean so much to me. 너는 내게 정말 소중해.
- ✔ You mean everything to me. 너는 내게 전부야.

🔲 오늘의 단어

chocolate 초콜릿

🔲 오늘의 포인트

나에게 소중하고 의미 있는 사람 또는 물건에 관해 이야기하고 싶을 때 오늘 배운 표현을 기억하세요!

WEEK 6

아이와 눈을 맞추고 아이의 말에 귀 기울여 주세요.

Got you!

잡았다!

Aha! Got you!

아하! 잡았다!

Aw... How did you find me?

오우……. 저를 어떻게 찾았어요?

I saw your little toes under the curtains!

커튼 아래에 네 작은 발가락들을 봤지!

Can I please hide again?

제가 다시 숨어도 될까요?

오늘의 구문

got ~ ~를 잡다, 얻다

✔ Got you guys! 너희 잡았다!

✔ Got a goal! 득점했어!

오늘의 단어

toe 발가락

오늘의 포인트

'I got you'가 올바른 표현이지만 구어체로 'got you', 더 캐주얼하게는 'gotcha'라고 할 수 있어요.

Brush your teeth, please.

양치해.

 Have you brushed your teeth yet?

아직 양치 안 했니?

 No, not yet.

아니, 아직요.

 Brush your teeth, please.

양치해.

 Okay.

알겠어요.

 오늘의 구문

(명령문), please ~해
✔ Turn down the volume, please. 소리를 줄여 줘.
✔ Open the door, please. 문 좀 열어 줘.

오늘의 단어

tooth/teeth 치아(단수/복수)

오늘의 포인트

아이에게 무언가 요청할 때는 명령문을 사용하고, 그 뒤에 'please'만 붙여 주면 보다 더 부드럽게 표현할 수 있어요.

It's hard to tell the truth.

진실을 말하기 어려울 때가 있지.

 I'm sorry I lied.

거짓말해서 죄송해요.

 Thank you for being honest.

솔직하게 말해 줘서 고마워.

 It's hard to tell the truth.

진실을 말하기 어려울 때가 있지.

 But it's important that you do.

하지만 네가 진실을 말했다는 게 중요한 거야.

 오늘의 구문

it's hard to ~ ~하는 건 어렵다

✔ It's hard to understand you. 너를 이해하는 건 어려워.

✔ It's hard to decide. 결정하는 건 어려워.

 오늘의 단어

honest 정직한

 오늘의 포인트

"Honesty is the best policy(정직이 최상의 방책이다)."라는 표현을 자주 말하게 되는 이유는 정직이 세상을 살아가는 데 가장 중요한 미덕이기 때문일 거예요.

Buckle up.
벨트를 매.

 Put your seatbelt on.
안전벨트를 매렴.

 I don't want to!
하기 싫어요!

 Buckle up,
벨트를 매,

 or else I cannot start the car.
그렇지 않으면 출발할 수 없어.

❈ 오늘의 구문

buckle up 벨트를 매
✔ You have to buckle up. 벨트를 매야 해.
✔ We can't go until you buckle up. 벨트를 매기 전에 우리는 갈 수 없어.

❈ 오늘의 단어

seatbelt 안전벨트

❈ 오늘의 포인트

시간이 좀 걸리더라도 아이가 한 행동의 결과를 알려 주고 생각하게 하면 장기적으로 잘못된 행동을 수정할 수 있어요.

Rinse off all the soap.

비누를 모두 씻어 내렴.

Is everything okay in the shower?

샤워는 다 잘돼 가니?

Yes. I'm washing my body.

네. 몸을 씻고 있어요.

After that, rinse off all the soap.

다 하고 나면, 비누를 모두 씻어 내렴.

Okay, I will.

네, 그럴게요.

🔲 오늘의 구문

rinse off ~ ~를 씻어 내다
- ✔ Rinse off the body wash. 바디워시를 씻어 내렴.
- ✔ Rinse off all the shampoo. 모든 샴푸를 씻어 내렴.

🔲 오늘의 단어

soap 비누

🔲 오늘의 포인트

한국에서는 머릿결을 부드럽게 하기 위해 사용하는 헤어 제품을 'rinse(린스)'라고 표현하기도 하지만, 'conditioner(컨디셔너)'가 정확한 표현이에요.

Are you hungry?
너 배고프니?

 ## How was school today?
오늘 학교는 어땠어?

 ## It was fun.
재미있었어요.

 ## Are you hungry?
너 배고프니?

 ## Yes! Is there something yummy?
네! 맛있는 거 있어요?

 오늘의 구문

are you ~? 너 ~하니?
✔ Are you thirsty? 너 목마르니?
✔ Are you tired? 너 피곤하니?

오늘의 단어

fun 재미있는

오늘의 포인트

영어에서 가장 중요한 품사는 동사라고 생각해요. 주어는 생략할 수 있지만 동사는 생략할 수 없으니까요. 영어 단어를 중요한 순서대로 공부해 보세요.

Chew your food well.

음식을 꼭꼭 씹어 먹으렴.

You're eating so fast!

너 너무 빨리 먹는다!

I was so hungry.

저 너무 배가 고팠어요.

Chew your food well.

음식을 꼭꼭 씹어 먹으렴.

You don't want to get a stomachache.

배탈 나고 싶은 건 아니잖아.

🔩 오늘의 구문

chew ~ ~ 씹어 먹어
✔ Chew slowly. 천천히 씹어 먹으렴.
✔ Chew with your mouth closed. 입을 다물고 씹어 먹으렴.

🔩 오늘의 단어

stomachache 복통

🔩 오늘의 포인트

'stomachache(복통)'는 위장을 의미하는 'stomach'과 통증을 뜻하는 'ache'가 합쳐진 단어예요. 비슷한 예로 'headache(두통)', 'backache(요통)'가 있어요.

I noticed you've been so focused.

네가 굉장히 집중하고 있다는 걸 알았어.

 What are you doing?

뭐 하고 있어?

 I'm doing my homework.

숙제하고 있어요.

 I noticed you've been so focused.

네가 굉장히 집중하고 있다는 걸 알았어.

 Great work!

수고했어!

 오늘의 구문

I noticed ~ ~를 알았어

✓ I noticed you have been practicing hard.
네가 열심히 연습하고 있다는 걸 알았어.

 오늘의 단어

focused 집중한

 오늘의 포인트

'I noticed ~'는 아이들의 노력을 엄마도 알고 있다는 의미로 칭찬과 격려에 사용하기에 참 좋은 표현이에요.

Go get your coat.
네 코트를 가지고 오렴.

 I'm ready.

준비됐어요.

 You don't have your coat.

코트를 안 입었잖아.

 Go get your coat.

네 코트를 가지고 오렴.

 And don't forget your backpack, too.

그리고 네 책가방도 잊지 말고.

 오늘의 구문

go get~ ~를 가지고 와
- ✔ Go get her computer. 그녀의 컴퓨터를 가지고 오렴.
- ✔ Go get your notebook. 너의 공책을 가지고 오렴.

오늘의 단어

forget 잊다

오늘의 포인트

'coat'와 'jacket'의 가장 큰 차이는 옷의 길이에 있어요. 'coat'는 엉덩이를 덮을 정도로 길거나 따뜻한 소재로 된 옷이죠.

Can you explain the rules to me?

내게 규칙을 설명해 주겠니?

 Mommy, can we play this card game?

엄마, 우리 이 카드게임 같이 할래요?

 I've never played this before.

난 그 게임은 해 본 적이 없어.

 Can you explain the rules to me?

내게 규칙을 설명해 주겠니?

  Okay.

좋아요.

오늘의 구문

can you explain ~? ~를 설명해 주겠니?
- Can you explain the story? 내게 이야기를 설명해 주겠니?
- Can you explain what this is to me? 내게 이게 뭔지 설명해 주겠니?

오늘의 단어

card game 카드게임

오늘의 포인트

게임에는 정해진 규칙이 있기 마련이에요. 만약 아이가 규칙을 어기거나 마음대로 바꾸려 한다면 "Stick to the rules, please(규칙을 지켜)." 라고 말할 수 있어요.

WEEK 47

아이에게는 엄마 아빠가 세상의 전부예요.

Come on, you can do it.

힘내, 넌 할 수 있어.

 This is hard.

이건 너무 어려워요.

 I don't want to finish it.

다 못하겠어요.

 Come on, you can do it.

힘내, 넌 할 수 있어.

 Don't give up!

포기하지 마!

🔹 오늘의 구문

come on, you can ~ 힘내, 넌 ~할 수 있어

✔ Come on, you can finish it. 힘내, 넌 끝낼 수 있어.

✔ Come on, you can do better. 힘내, 넌 더 잘할 수 있어.

🔹 오늘의 단어

hard 어려운, 힘든

🔹 오늘의 포인트

'come on'은 서두르라고 재촉할 때, 기운 내라고 응원할 때, 억울할 때 등 여러 상황에 사용할 수 있어요.

Do you want me to pick?

골라 줄까?

 Are you dressed?

옷 입었어?

 Not yet.

아직요.

 I don't know what to wear!

뭘 입어야 할지 모르겠어요!

 Do you want me to pick?

골라 줄까?

 오늘의 구문

do you want me to ~? ~해 줄까?
✔ Do you want me to make snacks? 간식 만들어 줄까?
✔ Do you want me to help? 도와줄까?

오늘의 단어

pick 고르다

오늘의 포인트

원어민은 옷 입은 상태를 확인할 때 "Are you wearing clothes?"보다 "Are you dressed?"라는 표현을 더 많이 사용해요.

Let's look outside.

밖을 내다보자.

 Is it cold today?

오늘 추워요?

 I think so. Let's look outside.

그런 것 같아. 밖을 내다보자.

 It looks very windy.

바람이 많이 부는 것 같아요.

 We should stay at home.

집에 있어야겠다.

 오늘의 구문

let's look ~ ~를 보자
✔ Let's look at the time. 시간을 보자.
✔ Let's look at your schedule. 네 스케줄을 보자.

 오늘의 단어

windy 바람이 많이 부는

오늘의 포인트

아이들이 스스로 날씨를 확인하고 가늠하는 건 중요한 일이에요. 아직 온도를 읽을 수 없다면, 함께 창밖을 보고 오늘의 날씨를 확인하는 것으로 시작해 보세요.

That's coming along well!

잘 되고 있네!

 Can I see what you have done so far?

지금까지 얼마나 했는지 볼 수 있을까?

 Wow, that's coming along well!

와, 잘 되고 있네!

 It's taking longer than I thought...

생각보다 오래 걸리고 있어요······.

 I can't wait to see when it's done!

언제 다 끝나는지 빨리 보고 싶다!

🔹 오늘의 구문

that's coming along ~ ~ 되고 있네

✔ That's coming along quickly! 정말 빠르게 되고 있네!

✔ That's coming along nicely! 좋게 되고 있네!

🔹 오늘의 단어

longer 더 오래

🔹 오늘의 포인트

아이가 그림을 그리거나 블록을 조립하는 상황에서 얼마나 진행됐는지 물어볼 때 활용할 수 있는 표현이에요.

WEEK 7

가족이 모두 모여 함께해요.

I'll give you a hint.

내가 힌트를 줄게.

 What is the fastest land animal?

육지에서 가장 빠른 동물은 뭘까?

 I'll give you a hint.

내가 힌트를 줄게.

 It's in the cat family and has spots.

고양잇과에 속하고 반점들이 있어.

 I know! A cheetah!

알아요! 치타예요!

 오늘의 구문

I'll give you ~ 내가 ~를 줄게
✔ I'll give you another chance. 내가 한 번 더 기회를 줄게.
✔ I'll give you an extra point. 내가 가산점을 줄게.

 오늘의 단어

spot 반점

오늘의 포인트

'hint'와 'clue'는 의미가 유사하지만, 대개 'hint'는 문제의 답을 맞히기 위해 돕는 역할, 'clue'는 미스터리한 사건을 해결하는 역할을 해요.

Where's your backpack?
네 책가방은 어디 있니?

 Where's your backpack?

네 책가방은 어디 있니?

 I don't know.

모르겠어요.

 Where did you see it last?

마지막으로 어디서 봤어?

 I think I saw it in my room...

제 방에서 본 것 같아요······.

 오늘의 구문

where's ~? ~는 어디 있니?
- Where's your pencil case? 네 필통은 어디 있니?
- Where's your snack box? 네 간식 가방은 어디 있니?

 오늘의 단어

backpack 책가방, 배낭

오늘의 포인트

구어체에서는 발음의 편의를 위해서 종종 소리를 축약해요. 'where's'에서 's'는 'z'와 같이 [즈]로 발음해야 자연스러워요.

You didn't give up!
너는 포기하지 않았잖아!

 I can't believe I won the contest!

제가 대회에서 우승했다는 게 믿어지지 않아요!

 It's all you.

다 네 노력이야.

 You didn't give up!

너는 포기하지 않았잖아!

 You should be proud of yourself.

너 스스로를 자랑스러워해야 해.

 오늘의 구문

you didn't ~ 너는 ~하지 않았잖아

✔ You didn't blame others. 너는 다른 사람들을 탓하지 않았잖아.
✔ You didn't get angry. 너는 화내지 않았잖아.

 오늘의 단어

contest 대회

 오늘의 포인트

'give up' 외에도 'call it quits', 'throw in the towel' 등이 '포기하다'라는 의미의 관용구예요. 후자는 권투 경기에서 수건을 던져 패배를 인정하는 데서 유래됐어요.

As soon as you wash your hands...

손 씻고 나면 바로……

Mommy, I'm so hungry!

엄마, 배가 너무 고파요!

I want a snack right now!

지금 당장 간식 먹고 싶어요!

As soon as you wash your hands,

손 씻고 나면 바로,

you can eat your snack.

간식 먹어도 돼.

🔵 오늘의 구문

as soon as you A, you can B A하면 바로 B해도 돼
✔ As soon as you tidy up, you can play.
정리하고 나면, 바로 놀 수 있어.

🔵 오늘의 단어

right now 지금 당장

🔵 오늘의 포인트

아이에게 안 된다는 말만 하면 서로 기분이 상할 수 있어요. 그럴 때는 해야 할 일의 우선순위를 정해서 무엇을 다 하면 다른 것을 할 수 있다고 말해 주세요.

It's past your bedtime.
잘 시간이 지났어.

Come on, you must go to bed now.

어서, 너 지금 자러 가야 해.

But I don't feel sleepy.

하지만 저는 졸리지 않은걸요.

Look at the time.

시간을 좀 봐.

It's past your bedtime.

잘 시간이 지났어.

🧩 오늘의 구문

it's past ~ ~가 지났어

✔ It's past nine o'clock. 아홉 시가 지났어.

✔ It's past everyone's bedtime. 모두의 취침 시간이 지났어.

🧩 오늘의 단어

bedtime 취침 시간

🧩 오늘의 포인트

만약 "취침 시간이 훨씬 지났어."라고 강조하고 싶다면, "It's way past your bedtime."이라고 할 수 있어요. 이때 'way'는 '훨씬, 큰 차이'를 의미해요.

Put them in the laundry basket.

그것들을 빨래 바구니에 넣으렴.

 ## Excuse me. What's this?

잠깐만. 이게 뭐지?

 ## My clothes?

제 옷이요?

 ## Put them in the laundry basket.

그것들을 빨래 바구니에 넣으렴.

 ## Oops, sorry...

앗, 죄송해요……

 오늘의 구문

put A in B A를 B에 넣으렴

✔ Put the milk back in the fridge. 우유를 다시 냉장고에 넣으렴.

✔ Put your dirty socks in the laundry basket. 더러운 양말은 빨래 바구니에 넣으렴.

오늘의 단어

dirty 더러운

오늘의 포인트

'laundry basket(빨래 바구니)'은 전 세계적으로 통용되는 표현이에요. 미국에서는 뚜껑이 있는 빨래 바구니를 'laundry hamper'라고도 해요.

Be kind.

친절하게 대해 줘.

 There's a new kid in our class.

우리 반에 새로운 아이가 왔어요.

 But he played by himself all day.

하지만 하루 종일 혼자서 놀았어요.

 Be kind.

친절하게 대해 줘.

 Help this new friend feel welcomed.

이 친구가 환영받을 수 있도록 도와주렴.

 오늘의 구문

be (형용사) ~해

✔ Be polite to your grandparents. 조부모님께 예의 바르게 행동하렴.

✔ Be patient with your baby brother. 남동생에게 인내심을 가지렴.

 오늘의 단어

welcomed 환영받는

 오늘의 포인트

원어민은 'be nice'라는 표현을 흔히 사용해요. 하지만 전 개인적으로 'be kind'를 좋아해요. 'kind'에는 약자를 배려하는 마음이 함축돼 있거든요.

Are you feeling jealous?

너 질투하는 거야?

 You always blame me and not Luna!

엄마는 항상 저한테만 뭐라고 하고 루나한테는 안 해요?

 Are you feeling jealous?

너 질투하는 거야?

 Yes...

네⋯⋯.

 Luna is too young to understand.

루나가 (엄마 말을) 이해하기에는 아직 너무 어리잖아.

 오늘의 구문

are you feeling ~? ~한 느낌이 들어?

✔ Are you feeling sad? 슬프니?

✔ Are you feeling tired? 피곤하니?

 오늘의 단어

jealous 질투하는

 오늘의 포인트

유아기의 아이에게는 다양한 감정을 인지하고 그것을 말로 표현하도록 하는 것이 정말 중요한 일이에요.

Take your vitamins.

비타민 챙겨 먹어.

I'm done with my breakfast.

아침 다 먹었어요.

Okay. Take your vitamins, please.

그래, 비타민 챙겨 먹으렴.

May I have some water?

물 좀 주시겠어요?

Of course. Here you go.

물론이지. 여기 있어.

🔒 오늘의 구문

take ~ ~를 먹어
✔ Take your medicine. 네 약을 먹어.
✔ Take this pill. 이 알약을 먹어.

🔒 오늘의 단어

vitamin 비타민

🔒 오늘의 포인트

약이나 비타민 등을 먹는다는 표현으로는 'eat' 대신 'take'를 사용해요. 'take'는 약 등을 복용하거나 섭취한다는 뉘앙스가 있어요.

Ready or not, here I come!

준비됐든 안 됐든, 찾는다!

I'm going to count to ten, okay?

열까지 셀 거야, 알겠지?

Ready or not, here I come!

준비됐든 안 됐든, 찾는다!

Come out, come out, wherever you are.

나와라, 나와라, 네가 어디에 있든지.

You can't find me, Mommy!

저를 못 찾을걸요, 엄마!

🧩 오늘의 구문

here I come 찾는다
- Okay, here I come! 좋아, 찾는다!
- I'm done counting. Here I come! 숫자 다 셌어. 찾는다!

🧩 오늘의 단어

wherever 어디든, 어디에나

🧩 오늘의 포인트

"Come out, come out, wherever you are."는 술래잡기를 할 때 꼭 사용하는 표현은 아니지만 게임에 재미를 줄 수 있어요. 마치 '꼭꼭 숨어라, 머리카락 보일라.'처럼 말이죠!

WEEK 46

아이는 그 자체로 이미 완전해요.

Don't give up.

포기하지 마.

 I don't think I can do it.

제가 못할 것 같아요.

 I know it's hard.

어렵다는 것 알아.

 But you're doing well.

하지만 넌 지금 잘하고 있어.

 Don't give up.

포기하지 마.

❄️ 오늘의 구문

don't give up on ~ ~를 포기하지 마
✔ Don't give up on your goal. 네 목표를 포기하지 마.
✔ Don't give up on your dreams. 네 꿈을 포기하지 마.

❄️ 오늘의 단어

know 알다

❄️ 오늘의 포인트

'give up'과 유사한 표현으로 'give in(마지못해 받아들이다)'이 있어요. 하지만 'give in' 에는 논쟁을 멈추거나 상대방이 원하는 것을 들어주는 등 굴복한다는 의미가 있죠.

Can you play on the monkey bars?

너 구름사다리에서 놀래?

 Can I climb that ladder?

저 사다리에 올라가도 돼요?

 That looks dangerous.

저건 위험해 보이네.

 Can you play on the monkey bars?

너 구름사다리에서 놀래?

 Okay.

알겠어요.

 오늘의 구문

can you play ~? ~ 놀래?

✔ Can you play on Sunday? 너 일요일에 놀래?
✔ Can you play at the playground? 너 운동장에서 놀래?

 오늘의 단어

monkey bars 구름사다리

오늘의 포인트

어쩜 그렇게 위험한 것만 잘 찾는지 아이들의 호기심은 참 신기해요. 덕분에 한 순간도 눈을 뗄 수 없게 하죠.

Should we take a nap?

우리 낮잠을 좀 잘까?

 Did you have a tiring day?

피곤한 하루였어?

 Kind of.

좀 그랬어요.

 Should we take a nap?

우리 낮잠을 좀 잘까?

 Yes.

네.

 오늘의 구문

should we take ~? 우리 ~할까?

✔ Should we take a break? 우리 좀 쉬었다 할까?
✔ Should we take a bath after dinner? 우리 저녁 먹고 나서 목욕할까?

오늘의 단어

nap 낮잠

오늘의 포인트

'take a nap'과 'have a nap'은 둘 다 '낮잠을 자다'라는 의미의 올바른 표현으로, 개인의 취향에 따라 선택해서 쓸 수 있지만 둘 중 'take a nap' 이 더 흔하게 쓰여요.

You must have been angry!

너 화났겠네!

 The boy kept kicking my chair!

그 남자아이가 제 의자를 계속 발로 찼어요!

 You must have been angry!

너 화났겠네!

 So what did you do?

그래서 어떻게 했어?

 I told him to stop, but he didn't!

그만하라고 말했는데 멈추지 않았어요!

📛 오늘의 구문

you must have been ~ 네가 ~했겠네
- ✔ You must have been confused.   네가 헷갈렸겠네.
- ✔ You must have been so scared.   네가 굉장히 무서웠겠네.

📛 오늘의 단어

chair 의자

📛 오늘의 포인트

이 표현은 지난 시간에 대한 확실한 결론이 있을 때 사용하는 것으로, 원어민 사이에선 상대방의 특정 상황에 공감대를 형성하기 위한 표현으로 활용되고 있어요.

WEEK

8

즐거운 한 주가 될 거예요.

Do you want to see a magic trick?

마술 보여 줄까?

 Daddy bought me playing cards.

아빠가 트럼프 카드를 사 주셨어요.

 Do you want to see a magic trick?

마술 보여 줄까?

 Yes!

네!

 Pick a card, any card.

카드를 한 장 골라 봐, 아무 카드나.

🧩 오늘의 구문

do you want to see ~? ~를 보여 줄까?

✔ Do you want to see something cool? 무언가 멋진 거 보여 줄까?

✔ Do you want to see what I can do? 내가 뭘 할 수 있는지 보여 줄까?

🧩 오늘의 단어

magic 마술

🧩 오늘의 포인트

'trick'은 '속임수' 또는 '장난'을 의미해요. 핼러윈 데이에 아이들이 사탕을 받으러 다니면서 "Trick or treat."를 외치는데, 이건 "과자를 주지 않으면 장난 칠 거예요."라는 뜻이죠.

What time is it?

몇 시니?

 Mommy, can I play with my toys?

엄마, 장난감 가지고 놀아도 돼요?

 What time is it?

몇 시니?

 Eight-thirty...

여덟 시 반이요…….

 I'm afraid we don't have time.

미안하지만 시간이 없구나.

 오늘의 구문

what time is ~? ~가 몇 시야?, 언제야?

✔ What time is your lunch? 너 점심시간 언제야?

✔ What time is your recess? 너 쉬는 시간 언제야?

 오늘의 단어

toy 장난감

오늘의 포인트

등원 준비를 할 때 아이에게 몇 시인지 직접 확인하게 하면 시간에 대한 감각 발달을 도울 수 있어요.

What's wrong?
뭐가 문제야?

 **You don't look happy.** What's wrong?

기분이 좋아 보이지 않네. 뭐가 문제야?

 **They won't share the toys.**

애들이 장난감을 같이 가지고 놀지 않아요.

Did you try asking nicely?

친절하게 물어봤던 거야?

 No, not yet...

아니요, 아직요……

🏵 **오늘의 구문**

what's wrong (with) ~ 뭐가 문제야?

✓ What's wrong with your leg? 네 다리에 뭐가 문제야?

✓ What's wrong with your wrist? 네 손목에 뭐가 문제야?

🏵 **오늘의 단어**

happy 행복한

🏵 **오늘의 포인트**

아이들에게 충고나 조언을 하기 전에 아이의 감정과 생각을 스스로 확인할 수 있게 해 주고 싶을 때 활용할 수 있는 표현이에요.

Cover your mouth.

입을 가리렴.

 Achoo!

에취!

 Bless you.

신의 가호가 있기를.

 Cover your mouth when you sneeze.

재채기할 때는 입을 가리렴.

 Okay, sorry!

알겠어요, 죄송해요!

:: 오늘의 구문

cover your mouth when you ~ ~할 때는 입을 가리렴
✔ Cover your mouth when you cough. 기침할 때는 입을 가리렴.
✔ Cover your mouth when you yawn. 하품할 때는 입을 가리렴.

:: 오늘의 단어

sneeze
재채기하다, 재채기

:: 오늘의 포인트

영미권에서는 누군가가 재채기를 하면 옆에 있는 사람이 꼭 "Bless you."라고 해요.

Set your alarm to eight a.m.

알람을 오전 여덟 시로 맞춰 놓으렴.

We have to wake up early tomorrow.

우리는 내일 일찍 일어나야 해.

Set your alarm to eight a.m.

알람을 오전 여덟 시로 맞춰 놓으렴.

Okay.

네.

Let's get your clothes ready, too.

입을 옷도 준비해 놓자.

 오늘의 구문

set your alarm to ~ 알람을 ~로 맞춰 놓으렴
✔ Set your alarm to seven thirty. 알람을 일곱 시 반으로 맞춰 놓으렴.
✔ Set your alarm to nine tomorrow. 알람을 내일 아홉 시로 맞춰 놓으렴.

오늘의 단어

clothes 옷

오늘의 포인트

아이가 스스로 알람 시간을 맞추게 함으로써 일어나야 하는 시간을 다시
한번 상기시킬 수 있어요.

It's time to take a shower.

샤워할 시간이야.

It's time to take a shower.
샤워할 시간이야.

Can I take a bath instead?
대신에 목욕해도 돼요?

Sure. Let me fill the tub.
물론이지. 욕조에 물을 채워 줄게.

Get ready to take a bath.
목욕할 준비를 해.

 오늘의 구문

it's time to take ~ ~할 시간이다
- ✔ It's time to take a nap. 낮잠 잘 시간이야.
- ✔ It's time to take a break. 쉴 시간이야.

 오늘의 단어

tub 욕조

 오늘의 포인트

'take a shower'는 흐르는 물에 몸을 씻는 것, 'take a bath'는 욕조에 물을 받아 몸을 담그는 것을 의미해요.

Tablets aren't allowed.

태블릿은 허락하지 않을 거야.

Tablets aren't allowed at the table.

식사 자리에서 태블릿은 허락하지 않을 거야.

But I'm listening to music.

하지만 전 음악을 듣고 있는데요.

Dinner is for family time.

저녁은 가족과의 시간이야.

Okay, fine.

네, 알겠어요.

🟦 오늘의 구문

~ be not allowed ~는 허락할 수 없다

✔ Screen time isn't allowed on weekdays. 주중에 영상 시청은 허락할 수 없어.

✔ Playing piano isn't allowed at night. 밤에 피아노 연주는 허락할 수 없어.

🟦 오늘의 단어

music 음악

🟦 오늘의 포인트

'not allowed'는 '허용되지 않는, 하면 안 되는'이라는 의미로, 학교 등의 공공장소에서 규칙을 안내할 때 사용되는 표현이에요.

You're so brave!

너 정말 용감하구나!

 **That slide looks quite high.**

그 미끄럼틀은 꽤 높아 보이네.

I can do it, Mommy. Don't worry.

저는 할 수 있어요, 엄마. 걱정 마세요.

You're so brave!

너 정말 용감하구나!

Be careful, though.

그래도 조심해.

🔲 오늘의 구문

you're so ~ 너 정말 ~하다
- ✔ You're so kind. 너 정말 친절하구나.
- ✔ You're so fast. 너 정말 빠르다.

🔲 오늘의 단어

brave 용감한

🔲 오늘의 포인트

'brave'는 대담한 행동이나 도전, 'courageous'는 옳은 일을 하기 위해 두려움을 이겨 내는 용기를 의미해요.

It will make you stronger!

너를 더 건강하게 해 줄 거야!

Breakfast is ready!

아침 식사 준비됐어!

Can't we have something yummy?

뭔가 맛있는 걸 먹으면 안 돼요?

A healthy breakfast is important.

건강한 아침 식사는 중요하단다.

It will make you stronger and smarter!

너를 더 건강하고 똑똑하게 해 줄 거야!

🎌 오늘의 구문

it will make you ~ 너를 ~하게 해 줄 거야
✔ It will make you happy. 너를 더 행복하게 해 줄 거야.
✔ It will make you healthier. 너를 더 건강하게 만들 거야.

🎌 오늘의 단어

healthy 건강한

🎌 오늘의 포인트

건강한 아침 식사는 아이의 건강과 지능 향상에 중요한 요소예요. 그래서 저는 평소 영양소가 아이들의 몸과 마음에 어떤 영향을 주는지 알려 주곤 해요.

Count to ten!

열까지 세렴!

I'll be the seeker.

제가 찾는 사람 할게요.

Okay. Count to ten!

알았어. 열까지 세렴!

1, 2, 3, 4, 5, 6, 7, 8, 9, 10.

1, 2, 3, 4, 5, 6, 7, 8, 9, 10.

Ready or not, here I come!

준비가 됐든, 안 됐든 찾을게요!

🍀 **오늘의 구문**

count to ~ ~까지 세

✔ Count to five. 다섯까지 세.
✔ Count to ten slowly. 천천히 열까지 세.

🍀 **오늘의 단어**

seeker 찾는 사람(술래)

🍀 **오늘의 포인트**

놀이와 함께 영어로 숫자 세기를 익힐 수 있어요. 예를 들면, 숨바꼭질을 할 때 앞에서 뒤로, 뒤에서 앞으로 숫자를 세어 보세요.

WEEK
45

인내할 줄 아는 아이가 공부 습관도 좋아요.

Congrats on your award!

상 받은 거 축하해!

mental well-being

DAY
55

 How was your class today?

오늘 수업 어땠어?

 I got an award for passing the first level.

1단계 통과해서 상을 받았어요.

 You worked so hard.

네가 열심히 했잖아.

 Congrats on your award, sweetheart!

상 받은 거 축하해, 얘야!

 오늘의 구문

congrats on ~ ~를 축하해
✔ Congrats on your test! 시험을 (잘 본 거) 축하해!
✔ Congrats on a great performance! 멋진 공연을 축하해!

오늘의 단어

award 상

오늘의 포인트

원어민은 축하할 때 'congrats'란 표현을 많이 사용해요. 'congratulations'는 주로 격식 있는 자리에서 사용하죠. 어떤 경우든 끝에 항상 's'를 붙이는 거 잊지 마세요!

I'm so excited, too!

나도 무척 신나네!

We're going to the amusement park today!

우리 오늘 놀이공원에 갈 거야!

Woohoo! I can't wait, Mommy!

우후! 기대돼요, 엄마!

I'm so excited, too!

나도 무척 신나네!

Let's hurry up and get ready.

서둘러서 준비하자.

🎯 **오늘의 구문**

I'm so ~, too 나도 무척 ~하다

✔ I'm so happy, too! 나도 무척 행복하네!

✔ I'm so disappointed, too. 나도 너무 실망스러워.

🎯 **오늘의 단어**

amusement park
놀이공원

🎯 **오늘의 포인트**

어린 시절을 돌이켜보면 놀이공원만큼 두근거리는 장소도 없었던 것 같아요. 어른들은 조금 힘들어도 아이들에겐 멋진 추억이 되겠죠?

Your head feels hot.

머리에 열이 있어.

Are you feeling okay?

몸은 괜찮아?

I don't feel good.

안 괜찮아요.

Let me feel your forehead.

이마에 열이 있나 보자.

Oh no... Your head feels hot.

어머 저런……. 머리에 열이 있어.

🔆 오늘의 구문

your A feels B 네 A가 B하구나
✔ Your skin feels dry. 네 피부가 건조하구나.
✔ Your hair still feels wet. 머리카락이 아직도 젖었구나.

🔆 오늘의 단어

forehead 이마

🔆 오늘의 포인트

'열'은 'fever'라고 하죠. '미열'은 'mild fever', '고열'은 'high fever'라고 해요. 열이 정말 많이 나서 너무 뜨거울 때는 'your head is burning'이라고도 하죠.

Don't worry about it.

걱정하지 마.

 What if I don't play well tomorrow?

내일 잘하지 못하면 어떡해요?

 It's natural to feel nervous.

긴장하는 건 당연한 거야.

 But you've practiced so hard.

하지만 정말 열심히 연습했잖아.

 Don't worry about it.

걱정하지 마.

❄ 오늘의 구문

don't worry about ~ ~를 걱정하지 마
✔ Don't worry about what they think. 그들이 어떻게 생각하는지 걱정하지 마.
✔ Don't worry about things like that. 그런 것들을 걱정하지 마.

❄ 오늘의 단어

natural 당연한, 정상적인

❄ 오늘의 포인트

긴장하고 있는 아이에게 말해 줄 수 있는 가장 담백하면서
도 진심 어린 표현일 거예요.

WEEK

9

아이의 독립심과 자율성을 키워 주세요.

Let's see who can do it the longest.

누가 가장 오래 할 수 있는지 보자.

 Look, Mommy! I can stand on one foot!

보세요, 엄마! 저 한 발로 서 있을 수 있어요!

 Very good!

아주 잘하는데!

 Let's see who can do it the longest.

누가 가장 오래 할 수 있는지 보자.

 Okay! Are you ready?

좋아요! 준비됐죠?

🔸 오늘의 구문

let's see who can ~ 누가 ~할 수 있는지 보자
- Let's see who can run the fastest. 누가 가장 빠르게 달리는지 보자.
- Let's see who can hold their breath the longest. 누가 가장 오래 숨을 참는지 보자.

🔸 오늘의 단어

stand 서다

🔸 오늘의 포인트

한 발로 서는 놀이는 근육을 강화하고, 균형 감각을 키우는 데 도움이 된다고 해요. 지금 아이와 함께 도전해 보는 건 어떠세요?

We had better hurry up.

서두르는 게 좋겠어.

 Are we late?

늦었나요?

 No, but the bus will come in ten minutes.

아니, 하지만 버스가 10분 후면 올 거야.

 We had better hurry up.

서두르는 게 좋겠어.

 Okay, Mommy.

알겠어요, 엄마.

 오늘의 구문

had better ~ ~하는 게 좋겠어

✔ We'd better walk fast. 빨리 걷는 게 좋겠어.

✔ You'd better run. 달리는 게 좋겠어.

 오늘의 단어

hurry up 서두르다

오늘의 포인트

'we had better ~'는 현재나 미래에 해야 할 일을 제안할 때 사용해요. 원어민은 주로 축약해 'we'd better ~'라고 말하죠.

It's good to share your toys.

네 장난감을 함께 가지고 노는 건 좋은 거야.

 **I don't want them to play with my RC.**

저 아이들이 제 무선 조종 장난감을 가지고 놀지 않았으면 좋겠어요.

 **It's good to share your toys.**

네 장난감을 함께 가지고 노는 건 좋은 거야.

But you can share when you're ready.

그렇지만 네가 준비가 됐을 때 함께 가지고 놀아도 돼.

Okay.

알겠어요.

🌸 **오늘의 구문**

it's good to ~ ~하는 건 좋은 거야

✓ It's good to take turns. 돌아가면서 하는 건 좋은 거야.
✓ It's good to ask first. 먼저 물어보는 건 좋은 거야.

🌸 **오늘의 단어**

share 함께 쓰다, 공유하다

🌸 **오늘의 포인트**

아이가 친구들과 물건을 공유하며 함께 노는 즐거움을 느낄 수 있도록 해 주세요.

How do we ask?

어떻게 물어봐야 하지?

 Mommy, my water bottle!

엄마, 제 물병이요!

 How do we ask?

어떻게 물어봐야 하지?

 Mommy, may I have my tumbler?

엄마, 제 텀블러 주시겠어요?

 Yes, hold on.

그래, 잠깐만.

 오늘의 구문

how do we ~? 어떻게 ~하지?

✔ How do we ask politely? 어떻게 정중하게 물어보지?

✔ How do we greet others? 다른 사람들에게 어떻게 인사하지?

오늘의 단어

water bottle 물병

오늘의 포인트

아이가 부탁하는 말을 할 때 정중한 표현이 아닌 명령투를 사용한다면 바로잡아 줄 필요가 있어요. 아직 어리다는 이유로 그냥 넘어가다 보면 나중에는 고치기가 쉽지 않아요.

Have a sip of water.

물을 한 모금 마셔 봐.

 Mommy, the tteokbokki is so spicy!

엄마, 떡볶이가 너무 매워요!

 Have a sip of water.

물을 한 모금 마셔 봐.

 My mouth is burning!

입에 불이 난 것 같아요!

 Let me get you some milk!

엄마가 우유를 좀 가져다줄게!

 오늘의 구문

have a sip of ~ ~를 한 모금 마셔 봐

✓ Have a sip of my soy milk. 내 두유를 한 모금 마셔 봐.

✓ Have a sip of this barley tea. 이 보리차를 한 모금 마셔 봐.

 오늘의 단어

burning
입에서 불이 나는 느낌인

 오늘의 포인트

'마시다'라는 의미로 'drink'를 많이 쓰지만 상황에 따라 다른 표현이 필요해요.
한 모금씩 마실 때는 'sip', 단숨에 들이켤 때는 'chug'나 'gulp'를 사용해요.

What is it?

무슨 일이야?

 Mom! Mom! Guess what?

엄마! 엄마! 무슨 일이 있었는지 맞혀 보실래요?

 What is it?

무슨 일이야?

 The teacher picked me to be captain!

선생님이 저를 주장으로 뽑으셨어요!

 Yay! I'm so happy for you.

야호! 잘돼서 정말 기뻐.

** 오늘의 구문**

what ~? 무엇 ~?

✔ What happened? 무슨 일 있었어?

✔ What are those? 저것들은 뭐야?

** 오늘의 단어**

captain 주장

🔲 오늘의 포인트

아이들에게 좋은 일, 성취감을 느낄 일이 생겼다면, 멋진 리액션과 함께 기뻐해 주세요. 이럴 땐 "Yay!"나 "Yes!" 등의 표현을 사용해 기쁜 마음을 표현할 수 있어요.

That's not yours.

그건 네 것이 아니야.

 **What is that in your hand?**

네 손에 든 게 뭐야?

It's a cool water gun!

멋진 물총이요!

That's not yours. Please put it back.

그건 네 것이 아니잖아. 다시 가져다 놓으렴.

Okay.

알겠어요.

🔹 오늘의 구문

be not yours 네 것이 아니다

✔ That toy car isn't yours. 그 장난감 자동차는 네 것이 아니야.
✔ That top isn't yours. 그 팽이는 네 것이 아니야.

🔹 오늘의 단어

hand 손

🔹 오늘의 포인트

아이가 무심코 들고 온 낯선 물건 때문에 당황한 적이 있으실 거예요. 아직 소유에 대한 개념이 분명하지 않아 생긴 실수이지만 안 된다는 걸 알려 줘야 하겠죠?

It's important to keep promises.

약속을 지키는 건 중요한 거야.

DAY
60

 You promised to clean your room.

네 방을 치우기로 약속했잖아.

 Can I do it tomorrow?

내일 해도 돼요?

 It's important to keep promises.

약속을 지키는 건 중요한 거야.

 Please clean it before you go to bed.

잠자리에 들기 전에 치우렴.

 오늘의 구문

it's important to ~ ~하는 건 중요한 거야
✔ It's important to be thankful.
감사한 마음을 갖는 건 중요한 거야.

오늘의 단어

promise 약속

오늘의 포인트

아이가 스스로 한 약속을 지키도록 요구하는 것도 중요하지만, 그에 앞서 부모가 모범을 보이고 아이와의 약속을 지키는 것도 중요해요.

Can you put your pajamas here?

잠옷을 이곳에 놓아 줄래?

Don't leave your pajamas on the floor.

잠옷을 바닥에 벗어 놓지 마.

Then, where do I put them?

그럼 어디에 둬요?

Can you put your pajamas here?

잠옷을 이곳에 놓아 줄래?

That way, they stay nice and clean.

그래야 아주 깨끗하게 잘 유지되지.

🌸 오늘의 구문

can you put ~ here? ~를 이곳에 놓아 줄래?
- ✔ Can you put your pencil crayons here? 색연필을 이곳에 놓아 줄래?
- ✔ Can you put the snack in here? 간식을 이 안에 놓아 줄래?

🌸 오늘의 단어

pajamas 잠옷

🌸 오늘의 포인트

영어는 단수, 복수에 민감해요. 'pajamas'는 항상 복수 형태로 사용되고, 간단하게 줄여서 'PJs'라고도 하는데, 이때도 's'를 잊지 마세요!

I'm going to catch you!

내가 널 잡을 거야!

 ## I'm over here, Mommy!

저 여기 있어요, 엄마!

 ## There you are!

거기 있었구나!

 ## I'm going to catch you!

내가 널 잡을 거야!

 ## Catch me if you can!

할 수 있으면 저를 잡아 보세요!

 오늘의 구문

I'm going to catch ~ 내가 ~를 잡을 거야
✔ I'm going to catch the ball. 내가 공을 잡을 거야.
✔ I'm going to catch all of you! 내가 너희 모두를 잡을 거야!

오늘의 단어

over here 여기

 오늘의 포인트

'catch'는 일상생활에서 다양하게 사용되는 단어 중 하나예요. 예를 들어 'catch the train(기차를 타다)', 'caught in traffic(교통 체증에 걸린)' 등이 있죠.

WEEK
44

때로는 자신만을 위한 시간도 필요해요.

It sounds like you're really upset.

네가 정말 화가 난 것 같구나.

I don't want to play with them anymore!

저 아이들과 더 이상 놀고 싶지 않아요!

It sounds like you're really upset.

네가 정말 화가 난 것 같구나.

Do you want to talk about it?

무슨 일인지 말해 줄래?

Yes...

네…….

⚙ 오늘의 구문

it sounds like you ~ 네가 ~한 것 같다

✔ It sounds like you're frustrated. 네가 답답해하는 것 같구나.

✔ It sounds like you want to go home. 네가 집에 가고 싶은 것 같구나.

⚙ 오늘의 단어

upset 속상한

⚙ 오늘의 포인트

아이의 감정을 미리 짐작해 단정적으로 말하기보다는 'it sounds like you ~' 패턴을 사용해서 부드럽게 말해 보세요. 아이가 자기 기분을 좀 더 자세히 이야기해 줄 거예요.

What's the matter?

무슨 일이야?

 ## I can't get this right!

이걸 제대로 맞출 수가 없어요!

 ## What's the matter?

무슨 일이야?

 ## The pieces aren't fitting properly!

부품들이 제대로 들어맞지 않아요!

 ## Do you need my help?

내 도움이 필요하니?

 오늘의 구문

what's the matter ~? ~ 무슨 일이야?
- What's the matter with your friend? 네 친구는 무슨 일이야?
- What's the matter there? 거기 무슨 일이야?

오늘의 단어

fit 꼭 맞다

오늘의 포인트

틈만 나면 사고를 치고, 엄마를 찾는 아이 때문에 쉴 틈이 없죠? 그래도 어쩌겠어요. 어디선가 아이의 목소리가 들리면 자동 반사로 외치게 되죠. "무슨 일이야!"

You need rest.

너는 휴식이 필요해.

 ## I want to go to Leah's birthday party!

레아의 생일 파티에 가고 싶어요!

 ## I know you do.

엄마도 알아.

 ## But you're sick.

하지만 넌 아프잖아.

 ## You need rest.

너는 휴식이 필요해.

⚡ 오늘의 구문

you need ~ 넌 ~가 필요해
✔ You need sleep. 넌 잠이 필요해.
✔ You need a break. 넌 휴식이 필요해.

⚡ 오늘의 단어

rest 휴식

⚡ 오늘의 포인트

'sick'은 가벼운 질병에, 'ill'은 좀 더 심각한 질병에 사용해요. 아픈 사람을 위로하고, 힘을 주고 싶다면 "Get better soon(빨리 나으세요)!"이라고 말해 주세요.

I admire your persistence.

네 끈기에 감탄했어.

You've been working on that for hours.

그걸 몇 시간째 하고 있구나.

Yeah, I want to do a good job.

네, 잘하고 싶어서요.

Wow, I admire your persistence.

와, 네 끈기에 감탄했어.

I can't wait to see it when you're done!

네가 다 하면 빨리 보고 싶어!

❖ 오늘의 구문

I admire your ~ 너의 ~에 감탄했어
✔ I admire your hard work. 너의 근면함에 감탄했어.
✔ I admire your dedication. 너의 헌신에 감탄했어.

❖ 오늘의 단어

persistence 끈기

❖ 오늘의 포인트

'admire'는 존중의 마음을 표현하는 단어라 'like'나 'love'와는 뉘앙스가 달라요. 아이가 존중받을 만한 행동이나 말을 했을 때 활용해 보세요.

WEEK 10

새로운 언어를 배우는 건 아이의 두뇌 발달에 좋아요.

Have you played this before?

전에 이거 해 본 적 있니?

 Have you played this before?

전에 이거 해 본 적 있니?

 No. What is that?

아니요. 그게 뭔데요?

 It's Jenga.

젠가야.

 I'll teach you how to play it.

어떻게 하는 건지 가르쳐 줄게.

 오늘의 구문

have you (과거분사)? ~해 본 적 있니?
- Have you read this book? 이 책을 읽어 본 적 있니?
- Have you played omok before? 전에 오목을 해 본 적 있니?

 오늘의 단어

teach 가르치다

 오늘의 포인트

'have you+(과거분사)?'는 과거에 경험한 적이 있는지 물을 때 주로 사용하는 패턴이에요.

Can I get a hug?

안아 줄 수 있니?

 Are you all set?

준비 다 됐니?

 Yes, Mommy.

네, 엄마.

 Before you go, can I get a hug?

가기 전에 안아 줄 수 있니?

 Yes!

그럼요!

 오늘의 구문

can I get ~? ~를 받을 수 있을까?
✔ Can I get a kiss? 뽀뽀해 줄 수 있어?
✔ Can I get a high five? 하이파이브 할 수 있어?

 오늘의 단어

a hug 껴안기, 포옹

오늘의 포인트

'hug'는 'hug me(안아 주세요)!'처럼 동사로도 쓰이지만, 원어민은 종종 "Can I get a hug?", "Give me a hug!"처럼 명사로 사용해요.

That's all that matters.

그게 제일 중요한 거야.

 I'm not that good at English.

전 영어를 잘 못해요.

 We're not that good yet.

우리가 아직 그렇게 잘하지는 못하지.

 But we're getting better every day.

하지만 우리는 매일 나아지고 있어.

 That's all that matters.

그게 제일 중요한 거야.

 오늘의 구문

that's all that ~ 그게 ~한 전부야
- That's all that counts. 그게 중요한 전부야.
- That's all that you need. 그게 네게 필요한 전부야.

 오늘의 단어

be good at ~를 잘하다

오늘의 포인트

'matters', 'counts'는 모두 '중요하다'는 의미의 단어예요. 만약 중요하지 않다면 "It doesn't matter(상관없어)."라고 말할 수 있어요.

Your nails are getting long.

네 손톱이 길어졌네.

 ## Your nails are getting long.

네 손톱이 길어졌네.

 ## Yeah, they are.

그러게요, 정말 그러네요.

 ## We should cut them.

손톱을 깎아야겠어.

 ## Can you get the nail clippers?

손톱깎이 좀 가져다줄래?

 오늘의 구문

~ be getting long ~가 길어지다
- ✔ Your toe nails are getting long. 네 발톱이 길어졌네.
- ✔ Your hair is getting long. 네 머리카락이 길어졌네.

오늘의 단어

nail 손톱

오늘의 포인트

손톱깎이는 'nail clippers', 가위는 'scissors', 핀셋은 'tweezers'예요. 이들은 다리가 양쪽으로 두 개인 물체이기에 끝에 항상 's'를 붙여 복수형으로 사용해요.

Your room is so messy.

네 방이 너무 지저분해.

 **Your room is so messy.**

네 방이 너무 지저분하네.

Clean everything up, please.

모두 다 정리하렴.

It's going to take so long.

시간이 되게 오래 걸릴 텐데요.

You can do it!

넌 할 수 있어!

🔆 **오늘의 구문**

be so messy 너무 지저분하네

✔ Your bag is so messy. 네 가방 너무 지저분하네.
✔ The kitchen is so messy. 주방이 너무 지저분하네.

🔆 **오늘의 단어**

room 방

🔆 **오늘의 포인트**

아이가 정리를 하더라도 완벽하지 않으니 다시 부모가 정리해 줘야 하는 경우가 많지만 그럼에도 불구하고 스스로 정리할 수 있는 습관은 중요해요.

Do you want a snack?

간식 먹을래?

 ## Hey, welcome back!

애야, 어서 와!

 ## Hi, Mommy!

다녀왔어요, 엄마!

 ## Are you hungry?

배가 고프니?

 ## Do you want a snack?

간식 먹을래?

🔲 오늘의 구문

do you want ~? ~를 원하니?

✓ Do you want some milk? 우유 좀 마실래?

✓ Do you want some gimbap? 김밥 좀 먹을래?

🔲 오늘의 단어

snack 간식

🔲 오늘의 포인트

'간식'을 의미하는 'snack'은 대부분의 경우 명사로 사용되지만, 원어민은 구어체에서 '식사를 간단히 하다, 간식을 먹다'라는 동사로 사용하기도 해요.

Are you done with the bathroom?
화장실 다 썼니?

 Are you done with the bathroom?
화장실 다 썼니?

 Yes.
네.

 Make sure you turn off the lights then.
그러면 불을 꼭 꺼야지.

 Oops, sorry!
앗, 죄송해요!

 오늘의 구문

are you done with ~? ~를 다 사용했니?
- Are you done with this toy? 이 장난감을 다 사용했니?
- Are you done with this cup? 이 컵을 다 사용했니?

오늘의 단어

bathroom 화장실

오늘의 포인트

불을 끄는 작은 습관이 에너지 절약으로 이어질 수 있다는 걸 어릴 때부터 기억하게 해 주세요.

I'm curious. Why do you do that?

궁금해서 그래. 왜 그러는 거야?

You leave your bag open all the time.

너는 항상 가방을 열어 놓고 다니더라.

I'm curious. Why do you do that?

궁금해서 그래. 왜 그러는 거야?

The teacher tells us to hurry up.

선생님이 서두르라고 하셔서요.

But your things can fall out.

하지만 네 물건들이 빠질 수도 있어.

🔅 **오늘의 구문**

I'm curious. Why ~? 궁금해서 그래. 왜~?

✓ I'm curious. Why did you do that? 궁금해서 그래. 왜 그랬어?

✓ I'm curious. Why do you leave this here? 궁금해서 그래. 이걸 왜 여기에 뒀어?

🔅 **오늘의 단어**

things 물건들

🔅 **오늘의 포인트**

아이의 나쁜 습관이나 행동에 관해 얘기할 때 아이를 비난하지 않으면서, 자신의 행동을 스스로 돌아볼 기회를 주는 표현이에요.

Did you have a bad dream?

나쁜 꿈 꿨어?

 What's wrong, sweetie?

무슨 일이야, 얘야?

 Did you have a bad dream?

나쁜 꿈 꿨어?

 A scary monster was in my dream!

무서운 괴물이 꿈에 나왔어요!

 You poor thing. Come here.

가엾어라. 이리 오렴.

 오늘의 구문

did you have ~? ~가 있었어?
- ✔ Did you have a good dream? 좋은 꿈 꿨어?
- ✔ Did you have a nightmare? 악몽 꿨어?

오늘의 단어

bad dream 나쁜 꿈

오늘의 포인트

'bad dream(나쁜 꿈)'과 'nightmare(악몽)' 사이에는 미세한 차이가 있어요. 'bad dream'이 무서운 꿈이라면, 'nightmare'는 자다 깰 만큼 충격적인 꿈을 말해요.

I'll be right here if you need me.

내가 필요하다면 바로 여기에 있을게.

Jun and I are going to go down the slide.

준이랑 같이 미끄럼틀 타러 갈 거예요.

You guys have fun.

재미있게 놀렴.

I'll be right here if you need me.

내가 필요하다면 바로 여기에 있을게.

Okay, Mommy!

알겠어요, 엄마!

🔸 오늘의 구문

I'll be right here ~ 나는 여기서 ~하고 있을게

✔ I'll be right here waiting for you. 나는 여기서 널 기다리고 있을게.

✔ I'll be right here on this bench. 나는 여기 이 벤치에 있을게.

🔸 오늘의 단어

slide 미끄럼틀

🔸 오늘의 포인트

미끄럼틀을 '타다'는 'go down'을 사용해요.

WEEK

43

빨리 가는 것보다 멀리 가는 것이 더 중요해요.

You should be so proud of yourself.

너 자신이 정말 자랑스럽겠네.

I finally finished the puzzle!
마침내 퍼즐을 다 풀었어요!

Wow, that's amazing!
와, 정말 대단해!

You should be so proud of yourself.
너 자신이 정말 자랑스럽겠네.

How long did that take you?
얼마나 걸렸어?

🔹 오늘의 구문

you should be so proud of ~ ~가 정말 자랑스럽겠다
✔ You should be so proud of what you did. 네가 한 일이 정말 자랑스럽겠네.
✔ You should be so proud of your picture. 네 그림이 정말 자랑스럽겠네.

🔹 오늘의 단어

puzzle 퍼즐

🔹 오늘의 포인트

아이가 자신의 행동에 대해 타인의 시선보다 스스로의 시선을 의식하게 해 주는 표현이에요. 자존감을 향상시킬 수 있어서 최근 많은 육아 전문가들도 권장하고 있어요.

It's hug time!

포옹 시간이야!

Hey, do you know what time it is?

얘야, 지금 몇 시인 줄 아니?

Nine o'clock?

아홉 시요?

Yes, it's nine o'clock, and...

그래, 아홉 시야, 그리고······.

It's also hug time! Come here!

포옹 시간이기도 하지! 이리 오렴!

❀ 오늘의 구문

it's ~ time ~할 시간이다
✔ It's dinner time. 저녁 먹을 시간이야.
✔ It's quiet time. 조용히 하는 시간이야.

❀ 오늘의 단어

o'clock 시(시간)

❀ 오늘의 포인트

스킨십은 아이의 성장에 중요한 요소예요. 아이들의 마음을 달래거나 기쁨을 나눌 때 'hug time'이라는 표현을 사용해요.

Let's go to the park!

공원에 가자!

 **What are we going to do now?**

우리 이제 뭐 할 거예요?

 **The weather's really nice today.**

오늘 날씨가 정말 좋구나.

Let's go to the park!

공원에 가자!

 **Okay! Can I take my soccer ball?**

좋아요! 축구공 가져가도 돼요?

🎴 **오늘의 구문**

let's go to ~ ~에 가자
✔ Let's go to the mart. 마트에 가자.
✔ Let's go to the bakery. 빵집에 가자.

🎴 **오늘의 단어**

soccer 축구

🎴 **오늘의 포인트**

'~에 가자'라는 의미로 'go'를 사용할 때는 항상 'to'가 함께해요. 단, 'home(집)'은 명사가 아닌 부사로 쓰여서 'to'를 사용하지 않고 "Let's go home."이라고 해야 해요.

You're improving day by day.

너는 매일매일 발전하고 있어.

 I still can't do a cartwheel!

아직도 옆돌기를 못하겠어요!

 Maybe you can't feel it...

아마 너는 느끼지 못하겠지…….

 But you're improving day by day.

하지만 너는 매일매일 발전하고 있어.

 I know you can do it!

네가 할 수 있다는 걸 알아!

🔅 오늘의 구문

~ day by day ~ 매일매일

✔ You're getting better day by day. 너는 매일매일 나아지고 있어.

✔ Your English is improving day by day. 네 영어 실력은 매일매일 향상되고 있어.

🔅 오늘의 단어

still 아직도, 여전히

🔅 오늘의 포인트

'day by day'와 'every day'는 매일을 의미하는 유의어예요. 단, 'day by day'는 무언가 매일 조금씩 천천히 진행되는 것을 나타내요.

WEEK

11

지금까지 잘해 온 자신을 칭찬해 주세요.

I don't know if you can ride it.

네가 그걸 탈 수 있을지 모르겠어.

 I want to go on this rollercoaster.

저 이 롤러코스터를 타고 싶어요.

 I don't know if you can ride it.

네가 그걸 탈 수 있을지 모르겠어.

 Come. Let's check your height.

이리 와 보렴. 네 키를 확인해 보자.

 Oh, dear. Maybe next year.

오, 이런. 아마도 내년에는 가능할 것 같아.

오늘의 구문

I don't know if you can ~ 네가 ~를 할 수 있을지 모르겠어
- I don't know if you can eat it. 네가 그걸 먹을 수 있을지 모르겠어.
- I don't know if you can touch that. 네가 저걸 만질 수 있을지 모르겠어.

오늘의 단어

ride 타다, 놀이기구

오늘의 포인트

유치원생 아이들을 위한 놀이기구가 생각보다 많지 않을 수 있지만, 가족과 함께 신나는 장소에 온 것만으로도 소중한 추억이 될 거예요.

Can I turn on the lights?

불을 켜도 될까?

 Rise and shine!

일어나서 움직이자!

 It's eight o'clock. Time to get up.

여덟 시야. 일어날 시간이야.

 All right...

알겠어요······.

 Can I turn on the lights?

불을 켜도 될까?

 오늘의 구문

can I turn on/off ~? ~를 켜도/꺼도 될까?
✔ Can I turn off the lights? 불을 꺼도 될까?
✔ Can I turn on the music? 음악을 켜도 될까?

오늘의 단어

get up 일어나다

오늘의 포인트

방에 있는 등의 개수에 따라 등이 하나일 때는 단수인 'the light', 등이 여러 개일 때는 복수인 'the lights'를 사용해야 해요.

I will not let you do that.

네가 그렇게 하도록 내버려 두지 않을 거야.

 Are you trying to throw that away?

그걸 버리려고 하는 거야?

 I will not let you do that.

네가 그렇게 하도록 내버려 두지 않을 거야.

 Why?

왜요?

 Because that is not yours.

왜냐하면 그건 네 것이 아니잖아.

 오늘의 구문

I will not let you ~ 나는 네가 ~하게 내버려 두지 않을 거야

✓ I will not let you hurt your sister. 네 여동생을 아프게 하게 내버려 두지 않을 거야.
✓ I will not let you rip her drawing. 네가 그녀의 그림을 찢게 내버려 두지 않을 거야.

 오늘의 단어

throw away 버리다

 오늘의 포인트

아이의 잘못된 행동을 제지하고자 할 때 활용할 수 있는
유용한 표현이에요.

Chew with your mouth closed.

입을 다물고 씹으렴.

 This sandwich is so good!

이 샌드위치 너무 맛있어요!

 Chew with your mouth closed.

입을 다물고 씹으렴.

 Okay.

알겠어요.

 I'm glad you like it though!

그래도 네가 맛있다니 다행이네!

 오늘의 구문

chew with ~ ~하고 씹으렴
- ✔ Don't chew with your mouth open. 입을 벌리고 씹으면 안 돼.
- ✔ Chew with your front teeth. 앞니로 씹어 봐.

오늘의 단어

sandwich 샌드위치

오늘의 포인트

영미권에서는 먹을 때 입을 벌리고 씹는 것과 큰 소리를 내는 건 무례한 것으로 간주돼요. 국수와 수프를 먹을 때도 소리를 내지 않고, 조용히 먹어야 한다는 걸 알려 주세요.

You can finish the rest tomorrow.
나머지는 내일 끝내도 돼.

 **It's time for bed.**

잘 시간이야.

 **But I'm not done with this puzzle!**

하지만 이 퍼즐을 다 끝내지 못했어요!

It's late. You need to sleep.

시간이 늦었어. 자야 해.

You can finish the rest tomorrow.

나머지는 내일 끝내도 돼.

❖ 오늘의 구문

you can finish ~ ~를 끝내도 돼
- ✔ You can finish it another day. 그거 다른 날에 끝내도 돼.
- ✔ You can finish the game next time. 게임은 다음에 끝내도 돼.

❖ 오늘의 단어

the rest 나머지

❖ 오늘의 포인트

아이가 하던 일 멈추기를 꺼릴 때 활용하기 좋은 표현이에요. 오늘 할 일은 오늘 마치면 좋겠지만 그렇지 않은 일들도 많으니까요.

Get ready for bed.

잘 준비를 하렴.

 Get ready for bed.

잘 준비를 하렴.

 Already?

벌써요?

 After you get ready,

네가 준비가 다 되면,

 let's read a book together.

같이 책을 한 권 읽자.

 오늘의 구문

get ready for ~ ~할 준비를 하렴
✔ Get ready for a shower. 샤워할 준비를 하렴.
✔ Get ready for your English lesson. 영어 수업 준비를 하렴.

 오늘의 단어

together 함께

오늘의 포인트

'prepare'와 'get ready'는 둘 다 '준비하다'라는 의미이지만 뉘앙스의 차이가 있어요. 'prepare'는 격식 있거나 중요한 일을 준비할 때 사용해요.

Wait your turn.

네 차례를 기다리렴.

 What are you doing?

뭐 하고 있는 거니?

 It's my turn.

엄마 차례야.

 Wait your turn, please.

네 차례를 기다리렴.

 Oops, sorry!

앗, 죄송해요!

 오늘의 구문

~ wait your turn ~ 차례를 기다리다
✔ It's important to wait your turn. 차례를 기다리는 것이 중요해.
✔ You need to wait your turn. 네 차례를 기다려야 해.

오늘의 단어

sorry 미안하다

오늘의 포인트

공공장소에서 차례를 지켜야 하는 순간이 많은 만큼 가정에서 놀이를 통해 차례의 중요성을 알려 주세요.

Don't be afraid to make mistakes.

실수를 두려워하지 마.

mindset

DAY
74

 I got this question wrong!

이 문제 틀렸어요!

 It's okay. You're practicing to get better.

괜찮아. 더 잘하려고 연습하는 거야.

 Don't be afraid to make mistakes.

실수를 두려워하지 마.

 Mistakes help us learn!

실수를 통해 배우는 거야!

 오늘의 구문

don't be afraid to ~ ~를 두려워하지 마

✓ Don't be afraid to speak up. 네 의견을 말하는 걸 두려워하지 마.
✓ Don't be afraid to tell the truth. 진실을 말하는 걸 두려워하지 마.

오늘의 단어

mistake 실수

오늘의 포인트

'afraid'는 일어날 수 있는 일에 대한 두려움을, 'scared'는 감정적인 두려움이나 공황을 의미해요.

Button up your cardigan.
카디건 단추를 채우렴.

 **Button up your cardigan.**

카디건 단추를 채우렴.

 **Can you help me?**

도와주실래요?

I'll show you how to do one button.

내가 단추 하나를 어떻게 채우는지 보여 줄게.

And then you can give it a try.

그리고 나서는 네가 해 보렴.

☼ 오늘의 구문

button up ~ ~의 단추를 채우다
✔ Button up your coat. 코트 단추를 채우렴.
✔ Button up your pants. 바지 단추를 채우렴.

☼ 오늘의 단어

cardigan 카디건

☼ 오늘의 포인트

'button'은 '단추'라는 명사이면서, '단추를 채우다'라는 동사이기도 해요. 'button'과 'button up' 모두 '단추를 채우다'라는 의미예요.

Time's up!

시간 다 됐어!

 Okay, time's up!

좋아, 시간 다 됐어!

 Already? That was so short.

벌써요? 너무 짧았어요.

 No, that was thirty seconds.

아니, 30초였어.

 Okay, now it's my turn.

좋아, 이제 내 차례야.

오늘의 구문

time's up 시간 다 됐어
✔ All right, time's up. 좋아, 시간 다 됐어.
✔ Okay, everyone, time's up. 자, 모두들, 시간 다 됐어요.

오늘의 단어

short 짧은

오늘의 포인트

TV 시청 시간이나 게임 시간이 다 됐음을 알려 줄 때 활용하기 좋은 표현이에요.

WEEK 42

엄마 아빠도 처음은 서툴 수밖에 없어요.

Way to go!

잘한다!

 ## How was soccer today?

오늘 축구 어땠어?

 ## It was great!

아주 좋았어요!

 ## I scored a goal today!

오늘 골을 하나 넣었어요!

 ## That's amazing! Way to go!

대단하네! 잘한다!

🔹 오늘의 구문

way to go 잘한다
- ✔ Way to go! That's awesome. 잘한다! 멋지네.
- ✔ Way to go! You did it! 잘한다! 네가 해냈어!

🔹 오늘의 단어

score (a goal) (골을) 넣다, 득점하다

🔹 오늘의 포인트

'way to go'는 'that's the way to go(그게 갈 길이야)'의 줄임말로 '올바른 방향으로 가고 있어, 잘한다'라는 뜻이에요.

You're going to be late.

너 그러다 늦는다.

 I want to play more!

더 놀고 싶어요!

 Get ready to go.

갈 준비를 하렴.

 You're going to be late.

너 그러다 늦는다.

 Okay...

알았어요…….

✂ 오늘의 구문

you're going to be ~ 너는 ~하게 될 거야
✔ You're going to be hungry. 너 배가 고플 거야.
✔ You're going to be cold. 너 추울 거야.

✂ 오늘의 단어

more 더 많은

✂ 오늘의 포인트

마냥 쉴 수만 있으면 좋겠지만 아이의 하루 스케줄도 어른 못지않은 경우가 많지요. 일상을 열심히 보내야 쉼이 달콤하다는 사실을 아이도 언젠가 알게 될 거예요.

Do you have a sore throat?

목이 아프니?

 What's wrong?

왜 그래?

 My throat feels weird.

목의 느낌이 이상해요.

 Do you have a sore throat?

목이 아프니?

 I think so.

그런 것 같아요.

✽ 오늘의 구문

do you have ~? ~가 있니?

✔ Do you have a fever? 열이 있니?

✔ Do you have a headache? 두통이 있니?

✽ 오늘의 단어

sore 아픈, 통증이 있는

✽ 오늘의 포인트

감기 등으로 목이 아프다고 할 때는 'neck'이 아닌 목구멍을 의미하는 'throat'를 사용해요.

So independent you are!

너는 혼자서도 잘하는구나!

I'm all ready for bed!

잘 준비 다 됐어요!

Did you brush your teeth?

양치했어?

Yup! And I flossed, too!

네! 치실도 했어요!

So independent you are!

너는 혼자서도 잘하는구나!

🍀 오늘의 구문

so ~ you are 너는 ~를 잘하는구나
✔ So organized you are. 너는 정리정돈을 잘하는구나.
✔ So responsible you are. 너는 책임감이 강하구나.

🍀 오늘의 단어

independent 독립적인

🍀 오늘의 포인트

저는 아이들이 독립심을 갖도록 적극 권장하는 편이에요. 그래서 아주 작은 일이라도 스스로 해냈을 때 크게 칭찬하죠. 그럴 때 활용하기 좋은 표현이에요.

WEEK 12

실패를 막아 주기보다 극복하는 힘을 길러 주세요.

I found you!

찾았다!

 Find me!

찾아보세요!

 Come out, come out, wherever you are...

나와라, 나와라, 어디에 있든지…….

 Who's this hiding behind the sofa?

소파 뒤에 숨은 게 누구지?

 I found you!

찾았다!

 오늘의 구문

I found ~ 내가 ~를 찾았다
✔ I found your ball. 내가 네 공을 찾았어.
✔ I found the missing piece. 내가 그 잃어버린 조각을 찾았어.

 오늘의 단어

sofa 소파

오늘의 포인트

'find'는 찾는 과정을 거쳐서 찾은 상태를 의미해요. 반면 아직 찾는 중일 때는 'look for'를 사용해야 해요.

Make sure to rinse.

반드시 헹궈야 해.

 **Go brush your teeth.**

가서 양치하렴.

Okay.

알겠어요.

Make sure to rinse after brushing.

양치한 뒤에는 반드시 헹궈야 해.

Got it, Mommy.

알겠어요, 엄마.

❖ 오늘의 구문

make sure to ~ 반드시 ~해야 해
✔ Make sure to rinse thoroughly. 반드시 꼼꼼히 헹궈야 해.
✔ Make sure to dry your hair. 반드시 머리를 말려야 해.

❖ 오늘의 단어

rinse 헹구다

❖ 오늘의 포인트

양치한 뒤에 입을 '헹구다(rinse)'와 '가글(gargle)하다'는 의미에 차이가 있어요. 가글은 물이나 가글 액으로 입과 목구멍을 씻어 낸다는 의미예요.

How can we resolve this problem?

우리가 이 문제를 어떻게 해결할 수 있을까?

 **Ajun wants to play this game.**

아준이가 이 게임을 하고 싶어 해요.

But I don't want to play that game.

하지만 저는 그 게임을 하고 싶지 않아요.

How can we resolve this problem?

우리가 이 문제를 어떻게 해결할 수 있을까?

We can take turns?

(원하는 게임을) 차례대로 할 수 있을까요?

 오늘의 구문

how can ~? 어떻게 ~할 수 있을까?
- How can we have more fun? 어떻게 하면 더 재미있게 놀 수 있을까?
- How can we split this cookie? 어떻게 하면 우리가 이 쿠키를 나눌 수 있을까?

오늘의 단어

resolve 해결하다

오늘의 포인트

'resolve'는 개인적인 갈등, 논쟁, 감정적인 문제의 해결을 의미하고, 'solve'는 수학 문제, 오류, 수수께끼 풀이에 더 가까운 의미예요.

Indoor voice, please.

작게 말해 줘.

 Mommy! Mommy! Look at me!

엄마! 엄마! 저를 보세요!

 This is a public place.

여기는 공공장소야.

 Indoor voice, please.

작게 말해 줘.

 Okay...

네……

😀 **오늘의 구문**

~ voice, please ~한 목소리로 말해 줘
✔ A strong voice, please. 큰 목소리로 말해 줘.
✔ Quiet voice, please. 작은 목소리로 말해 줘.

😀 **오늘의 단어**

public place 공공장소

😀 **오늘의 포인트**

목소리의 볼륨 조절이 어려운 아이 때문에 종종 곤란할 때가 있어요. 얼마나 작게 말해야 하는지 모르는 아이에게 오늘의 표현을 활용해 보세요.

It affects our body and mood.

그건 우리 몸과 기분에 영향을 준다.

Can I just sleep later?

그냥 나중에 자도 될까요?

I'll wake up on time.

제시간에 일어날게요.

Sleep is so important.

수면은 정말 중요한 거야.

It affects our body and mood.

그건 우리 몸과 기분에 영향을 준다.

오늘의 구문

it affects ~ ~에 영향을 주다

✔ It affects how we feel. 그건 우리가 어떻게 느끼는지에 영향을 준다.

✔ It affects our health. 그건 우리 건강에 영향을 준다.

오늘의 단어

mood 기분

오늘의 포인트

'on time'은 시간에 딱 맞춘다는 뜻인 반면, 'in time'은 시간 안에 여유 있게 한다는 의미예요.

Can you tell me about your day?

네 하루가 어땠는지 말해 줄래?

 How was your day?

오늘 하루 어땠어?

 Good.

좋았어요.

 Can you tell me about your day?

네 하루가 어땠는지 말해 줄래?

 We started learning the recorder!

우리는 리코더를 배우기 시작했어요!

 오늘의 구문

can you tell me about ~? ~에 관해 말해 줄래?
✓ Can you tell me about your lesson today? 오늘 수업에 관해 말해 줄래?
✓ Can you tell me about your teacher? 네 선생님에 관해 말해 줄래?

 오늘의 단어

recorder 리코더

 오늘의 포인트

'tell'은 '누구에게 말하다'라는 대상이 포함된 동사이기 때문에 'tell to Mom'이 아닌 'tell Mom'이라고 해야 해요.

That behavior is unacceptable.

그런 행동은 용납할 수 없어.

That behavior is unacceptable.

그런 행동은 용납할 수 없어.

You need to apologize.

네가 사과해야 해.

Sorry, Mommy...

죄송해요, 엄마…….

Go and take some time to think.

가서 생각할 시간을 좀 가지렴.

오늘의 구문

that ~ is unacceptable 그런 ~는 용납할 수 없어
- That attitude is unacceptable. 그런 태도는 용납할 수 없어.
- That language is unacceptable. 그런 말투는 용납할 수 없어.

오늘의 단어

apologize 사과하다

오늘의 포인트

'행동'은 미국에서는 'behavior'라고 쓰고, 영국에서는 'behaviour'라고 써서 철자가 조금 달라요. 이렇게 미국식과 영국식이 다른 단어들을 더 찾아보면 어떨까요?

You can get it yourself.

너 혼자서도 가져올 수 있어.

Can you get me a glass of orange juice?

오렌지 주스 한 잔만 가져다주시겠어요?

You can get it yourself.

너 혼자서도 가져올 수 있어.

I'm helping your brother right now.

엄마는 지금 네 남동생을 도와주고 있거든.

Okay.

네.

 오늘의 구문

you can ~ yourself 너 혼자서도 ~할 수 있어
- ✓ You can do it yourself. 너 혼자서도 할 수 있어.
- ✓ You can build the castle yourself. 너 혼자서도 성을 만들 수 있어.

 오늘의 단어

brother 형제

오늘의 포인트

북미에서는 흔히 오렌지 주스를 간단하게 'OJ'라고 줄여서 부르곤 해요.
"Can you get me a glass of OJ?"라고도 연습해 보세요.

Are you missing something?

뭐 잃어버렸니?

 Where is it?

어디 있지?

 Where did I put it? Ugh!

내가 그걸 어디 뒀을까? 윽!

 Are you missing something?

뭐 잃어버렸니?

 I can't find my blue textbook...

파란색 교과서를 못 찾겠어요…….

❖ 오늘의 구문

are you missing ~? ~를 잃어버렸니?
✔ Are you missing your homework? 숙제 잃어버렸니?
✔ Are you missing one glove? 장갑 한 짝 잃어버렸니?

❖ 오늘의 단어

something 무언가

❖ 오늘의 포인트

아이들은 무언가 잃어버릴 때가 많아요. 그럴 때 우리가 "마지막으로 본 곳이 어디야?"라고 물어보듯 영미권에서는 "Let's retrace your steps."라고 해요.

I spy with my little eye.

내가 본 게 무엇일까.

I'm bored...

심심해요…….

Let's play a fun game.

재미있는 게임을 하자.

I spy with my little eye,

내가 본 게 무엇일까,

something that is green.

초록색인데.

⚙ 오늘의 구문

I spy with my little eye 내가 본 게 무엇일까
✔ I spy with my little eye, something that is red. 내가 본 게 뭘까, 빨간색인데.
✔ I spy with my little eye, something that is shiny. 내가 본 게 뭘까, 반짝이는 건데.

⚙ 오늘의 단어

bored 심심한

⚙ 오늘의 포인트

'I spy with my little eye(내 작은 눈으로 보다)'는 'I Spy'
란 놀이에서 유래된 표현인데, 이 놀이는 우리나라의 스무고
개 게임과 비슷해요.

WEEK 41

영어는 자주 듣다 보면 언젠가 잘 들리는 순간이 와요.

I love you more than anything!

난 무엇보다 널 사랑해!

Have a wonderful day!

좋은 하루 되렴!

And one more thing...

그리고 하나 더…….

What is it, Mommy?

뭔데요, 엄마?

I love you more than anything!

엄마는 무엇보다 널 사랑해!

🍀 오늘의 구문

I love you more than ~ 난 ~보다 더 널 사랑해
✔ **I love you more than you know.** 난 네가 아는 것보다 더 널 사랑해.
✔ **I love you more than the universe.** 난 우주보다 더 널 사랑해.

🍀 오늘의 단어

anything 무엇

🍀 오늘의 포인트

아이에게 불쑥 사랑한다고 표현해 보세요. 원어민 어린이들 사이에서는 'I love you times infinity(무한대를 곱한 만큼 사랑해)'라는 표현을 즐겨 쓴다니 정말 사랑스럽지 않나요?

Notice how it's slippery here.

여기가 얼마나 미끄러운지 잘 봐.

I know you're excited to be here.

네가 여기 와서 신났다는 걸 알아.

But you need to slow down.

하지만 천천히 걸어야 해.

Notice how it's slippery here.

여기가 얼마나 미끄러운지 잘 봐.

Okay, Mommy.

알겠어요, 엄마.

❋ 오늘의 구문

notice how ~ 얼마나 ~한지 잘 봐
✔ Notice how deep the water is. 물이 얼마나 깊은지 잘 봐.
✔ Notice how sharp these tools are. 이 도구들이 얼마나 날카로운지 잘 봐.

❋ 오늘의 단어

slippery 미끄러운

❋ 오늘의 포인트

안전은 타협할 수 없는 부분이죠. 경고도 좋지만 저는 아이들 스스로 주변에 위험한 곳은 없는지 주의하도록 말해 주려 해요.

It's getting dark.

점점 어두워지고 있어.

 Sweetheart, let's go home soon.

얘야, 빨리 집에 가야겠다.

 It's getting dark...

점점 어두워지고 있어…….

 Can we play five more minutes?

5분만 더 놀아도 돼요?

 Okay. I'll start packing up.

그래. 엄마는 짐을 챙기기 시작할게.

🔆 오늘의 구문

it's getting ~ 점점 ~하고 있다
- It's getting chilly. 점점 쌀쌀해지고 있어.
- It's getting late. 점점 늦어지고 있어.

🔆 오늘의 단어

pack up (짐을) 싸다

🔆 오늘의 포인트

놀이터에 한번 나온 아이는 시간 가는 줄 모르고 놀기 바쁘죠. 아이에게 이만 집에 가서 쉬자고 할 때 활용할 수 있는 표현이에요.

You handled that well.

네가 잘 대처했어.

 Did you see that?

저거 보셨어요?

 That boy cut in line!

쟤가 새치기를 했어요!

 I saw that. You stayed calm.

나도 봤어. 너는 침착하게 있었네.

 You handled that well.

네가 잘 대처했어.

✂ 오늘의 구문

you handled that ~ 네가 ~ 대처했어
✔ You handled that very well. 네가 아주 잘 대처했어.
✔ You handled that like a pro. 네가 프로처럼 대처했어.

✂ 오늘의 단어

stay calm
침착함을 유지하다

✂ 오늘의 포인트

'새치기하다'라는 표현으로 가장 널리 쓰이는 게 'cut in line'이지만 'bud', 'budge', 'skip in line' 등도 종종 쓰여요.

WEEK 13

아이는 부모의 모습을 그대로 닮아요.

Can we play something else?

우리 다른 거 하면서 놀까?

 Mommy, can we play this game?

엄마, 우리 이 게임 해도 돼요?

 That game needs at least three players.

그 게임은 적어도 세 명이 필요해.

 Can we play something else?

우리 다른 거 하면서 놀까?

 Okay, fine.

알았어요, 그래요.

 오늘의 구문

can we play ~? 우리 ~ 놀까?

✔ Can we play later? 우리 나중에 놀까?

✔ Can we play after I wash the dishes? 내가 설거지를 끝낸 후에 놀까?

 오늘의 단어

at least 적어도

오늘의 포인트

"Okay, fine."은 긍정적인 수긍이 아니라 마지못해 수긍할 때 주로 사용하는 표현이에요.

I made your favorite breakfast!
네가 가장 좋아하는 아침 식사를 만들었어!

Let's eat!
밥 먹자!

What are we eating?
메뉴가 뭐예요?

I made your favorite breakfast!
네가 가장 좋아하는 아침 식사를 만들었어!

Wow, thanks, Mommy!
와, 고마워요, 엄마!

오늘의 구문

I made ~ ~를 만들었어
✔ I made gimbap. 김밥을 만들었어.
✔ I made your favorite snack. 네가 가장 좋아하는 간식을 만들었어.

오늘의 단어

favorite 가장 좋아하는

오늘의 포인트

아이가 잘 먹게 하기 위해서는 마케팅 전략이 필요해요. 아이들이 좋아하는 것을 만들 때는 'your favorite ~'이란 표현을 활용해 보세요. 아이들이 더 좋아할 거예요.

I trust you will do the right thing.

나는 네가 옳은 일을 할 거라고 믿어.

 Some older kids were swearing.

몇몇 형(누나)들이 욕을 했어요.

 It's not okay to swear.

욕을 하는 건 안 돼.

 What if my friends use swear words?

만약 내 친구들이 욕을 하면 어떻게 해요?

 I trust you will do the right thing.

나는 네가 옳은 일을 할 거라 믿어.

 오늘의 구문

I trust you will ~ 나는 네가 ~할 거라고 믿어

✔ **I trust you will do your best.** 나는 네가 최선을 다할 거라고 믿어.

✔ **I trust you will make a wise decision.** 나는 네가 현명한 결정을 할 거라고 믿어.

오늘의 단어

swear 욕을 하다

오늘의 포인트

'do the right thing(옳은 일을 하다)'은 'what is right'보다 더 일상적으로 쓰이는 표현이에요.

You have to wear a helmet.

헬멧을 꼭 써야 해.

 Can't I just ride it without a helmet?

헬멧 안 쓰고 그냥 타면 안 돼요?

 No, you can't.

응, 안 돼.

 You have to wear a helmet.

헬멧을 꼭 써야 해.

 Okay, fine.

네, 알겠어요.

 오늘의 구문

have to wear ~ ~를 꼭 착용해야 해
- You have to wear your seatbelt. 안전벨트를 꼭 착용해야 해.
- You have to wear these knee pads. 이 무릎 보호대를 꼭 착용해야 해.

오늘의 단어

helmet 헬멧

오늘의 포인트

"그냥 안 하면 안 돼요?"와 같은 이중 부정문의 질문을 받았다면 깊이 고민할 필요 없이 안 될 땐 'no', 될 땐 'yes'로 답하면 돼요.

How much more time do you need?

시간이 얼마나 필요한 거니?

 ## It's time to turn it off.

이제 꺼야 할 시간이야.

 ## But the show is almost over!

하지만 쇼가 거의 끝나 가요!

 ## How much more time do you need?

시간이 얼마나 필요한 거니?

 ## Just eleven more minutes, please!

딱 11분만 더요, 제발요!

 오늘의 구문

how much/many more ~ do you need? ~가 얼마나 더 필요하니?
- How much more ketchup do you need? 케첩이 얼마나 더 필요하니?
- How many more minutes do you need? 몇 분이 더 필요하니?

오늘의 단어

almost 거의

오늘의 포인트

저는 주중에는 아이들의 미디어 시청을 금지하고 있어요. 주말에도 시간을 정해 놓고 허용하지만, 곧 끝난다고 말하면 아주 약간의 시간을 더 줄 수도 있겠죠.

Change into your home clothes.

실내복으로 갈아입어.

You're still wearing your uniform.

너 아직도 유치원복 입고 있네.

Please change into your home clothes.

실내복으로 갈아입으렴.

All right...

알겠어요…….

Can I do it after eating my snack?

간식 먹고 해도 돼요?

■ 오늘의 구문

change into ~ ~로 갈아입어

✓ Change into your pajamas. 잠옷으로 갈아입어.
✓ Change into your sweatpants. 운동복 바지로 갈아입어.

■ 오늘의 단어

uniform 교복

■ 오늘의 포인트

옷을 입은 상태와 관련한 표현에는 'in'과 'into'가 쓰여요. 옷 안에 사람이 들어가 있다는 느낌으로 기억하세요.

Do you understand?
알겠어?

Excuse me.

잠깐만.

Even if you're angry, you don't slam the door!

아무리 화가 났어도, 문을 쾅 닫으면 안 되지!

Do you understand?

알겠어?

I'm sorry...

죄송해요…….

오늘의 구문

do you understand ~? ~를 알겠어?

✔ Do you understand why? 왜 그런지 알겠어?

✔ Do you understand what I'm saying? 무슨 말인지 알겠어?

오늘의 단어

slam 쾅 닫다

오늘의 포인트

아이가 스스로 마음을 진정시키는 방법을 알려 주는 것이야말로 육아에서 가장 어려운 일 중 하나일 거예요.

No kicking!

발로 차면 안 돼!

 Hey. No kicking!

얘야. 발로 차면 안 돼!

 It's not fair!

공평하지 않아요!

 I see that you're angry,

화가 난 건 알겠지만,

 but it's not okay to kick.

발로 차면 안 되는 거야.

 오늘의 구문

no -ing ~하면 안 돼
✓ No throwing! 던지면 안 돼!
✓ No pinching! 꼬집으면 안 돼!

오늘의 단어

fair 공평한

오늘의 포인트

옳지 않은 행동을 하는 아이에게 길게 설명하기보다 'no -ing'를 사용하면 단호하게 핵심을 짚어 전달할 수 있어요.

Please put your shoes on.

신발을 신어.

 Do you have your coat on?

코트 입었니?

 Yes.

네.

 Then please put your shoes on.

그러면 신발을 신어.

 I'll be right out, too.

나도 금방 나갈게.

❂ 오늘의 구문

please put your ~ on ~를 입어 / 신어
- ✔ Please put your jacket on. 재킷을 입어.
- ✔ Please put your T-shirt on. 티셔츠를 입어.

❂ 오늘의 단어

coat 코트

❂ 오늘의 포인트

아이의 옷이나 신발, 준비물을 항상 모두 챙겨 주기보다는 시간이 조금 걸리더라도 스스로 해 볼 기회를 주는 것이 중요해요.

Rock, paper, scissors.

가위, 바위, 보.

 ## Who's going to go first?

누가 먼저 해요?

 ## Let's decide with rock, paper, scissors.

가위, 바위, 보로 정하자.

 ## Good idea.

좋은 생각이에요.

 ## Okay, are you ready?

자, 준비됐니?

 오늘의 구문

let's decide ~ ~로 정하자

✓ Let's decide with a coin toss. 동전 던지기로 정하자.

✓ Let's decide by rolling the die. 주사위를 굴려서 정하자.

오늘의 단어

rock, paper, scissors 가위, 바위, 보

오늘의 포인트

한국의 '가위, 바위, 보'를 영어로는 'rock, paper, scissors'라고 하는데 직역하면 '바위, 보, 가위'로 순서가 달라요.

WEEK 40

아이와의 소중한 순간을 기억하세요.

Wow, how did you do that?

와, 그걸 어떻게 했어?

 Look at this, Mommy!

이것 보세요, 엄마!

 I made it.

제가 만들었어요.

 You made this?

네가 만든 거야?

 Wow, how did you do that?

와, 그걸 어떻게 했어?

오늘의 구문

how did you ~ that? 그걸 어떻게 ~했어?

✔ How did you build that? 그걸 어떻게 지었어?

✔ How did you solve that? 그걸 어떻게 풀었어?

오늘의 단어

wow 와(감탄사)

오늘의 포인트

아이가 무언가 성취했거나 혹은 결과물을 보여 줄 때, 그 과정까지 설명할 수 있도록 유도하기 좋은 질문이에요.

We'll come back again soon.

우리는 조만간 다시 올 거야.

It's time to pack up and go.

이제 짐을 정리해서 가야 할 시간이야.

But I don't want to go home!

하지만 난 집에 가고 싶지 않아요!

I know you don't want to leave.

나도 네가 떠나고 싶지 않다는 거 알아.

We'll come back again soon, okay?

우리는 조만간 다시 올 거야, 알았지?

🔧 오늘의 구문

we'll come back again 우리는 다시 올 거야
- ✔ We'll come back again next week. 우리는 다음 주에 다시 올 거야.
- ✔ We'll come back again with Grandma. 우리는 할머니랑 다시 올 거야.

🔧 오늘의 단어

leave 떠나다

🔧 오늘의 포인트

아쉽지만 다음을 기약해야 하는 순간이 있죠? 그럴 때 아이를 이렇게 위로해 주세요.

I love spending time with you.

나는 너와 함께 시간을 보내는 게 참 좋아.

 **Can we watch a movie together?**

우리 같이 영화 볼까?

Yes, please!

네, 좋아요!

You pick the movie.

영화를 고르렴.

 **I love spending time with you.**

엄마는 너와 함께 시간을 보내는 게 참 좋아.

✽ 오늘의 구문

I love -ing 나는 ~하는 게 참 좋아
✔ I love coloring. 나는 색칠하는 게 참 좋아.
✔ I love snuggling in bed with you. 나는 너와 침대에서 꼭 안고 있는 게 참 좋아.

✽ 오늘의 단어

movie 영화

✽ 오늘의 포인트

'love'는 '사랑하다'라는 의미이지만, 내가 정말 좋아하는 활동에 'love + -ing'의 형태로 활용할 수 있어요.

You tried your best.

넌 최선을 다했어.

 Hey, why the frown?

애야, 왜 찡그리고 있어?

 I made a few mistakes.

실수를 좀 했어요.

 I don't think I played well.

그렇게 잘한 거 같지 않아요.

 It's totally okay. You tried your best.

그런 건 정말 괜찮아. 넌 최선을 다했잖아.

오늘의 구문

you tried ~ 너는 ~했어
✔ You tried your hardest. 너는 열심히 했어.
✔ You tried many times. 너는 여러 번 시도했어.

오늘의 단어

frown 찡그림

오늘의 포인트

'최선을 다했다'라는 표현을 사용할 때는 'my best', 'your best'처럼 항상 앞에 소유격을 써야 해요.

WEEK 14

칭찬은 아이를 더 잘하고 싶게 만들어요.

Nice catch!
잘 잡았어!

 Mommy, over here!

엄마, 여기요!

 I'll throw the ball to you.

내가 너한테 공을 던질게.

 I got it!

잡았어요!

 Nice catch!

잘 잡았어!

🌼 오늘의 구문	🌼 오늘의 단어	🌼 오늘의 포인트
nice ~ 잘 ~했어	**catch** 잡기, 잡다	'nice'는 '좋은'이라는 의미의 형용사예요. 그래서 'nice'가 꾸며 주는 'catch'는 자연스레 동사가 아니라 '잡기'라는 의미의 명사가 되죠.
✔ Nice jump! 잘 뛰었어!		
✔ Nice aim! 잘 조준했어!		

What day is it today?

오늘 무슨 요일이지?

 What are we doing today?

우리 오늘 뭐 해요?

 Well, what day is it today?

글쎄, 오늘 무슨 요일이지?

 Thursday?

목요일?

 You have piano on Thursdays.

너 목요일마다 피아노 수업 있잖아.

✂️ 오늘의 구문

what ~ is it? 무슨 ~지?

✔ What month is it? 몇 월이지?

✔ What season is it? 무슨 계절이지?

✂️ 오늘의 단어

day 요일

✂️ 오늘의 포인트

한국어에서와 마찬가지로 아이와 엄마 모두 대화의 내용을 이해하고 있다면, '피아노 수업'에서 '수업'을 생략하고 '피아노'라고만 말해도 좋아요.

I sometimes feel shy, too.

나도 때로는 수줍음을 느낀단다.

 Why aren't you talking to the other kids?

다른 친구들하고 이야기해 보는 건 어때?

 I don't want to.

얘기하고 싶지 않아요.

 I sometimes feel shy, too.

나도 때로는 수줍음을 느낀단다.

Should we go say hi together?

우리 같이 가서 인사해 볼까?

오늘의 구문

I sometimes feel ~, too 나도 때로는 ~를 느껴
- I sometimes feel angry, too. 나도 때로는 화가 나.
- I sometimes feel frustrated, too. 나도 때로는 답답함을 느껴.

오늘의 단어

say hi 인사하다

오늘의 포인트

아이가 자신의 감정을 부정적으로 느끼지 않도록, 누구나 느끼는 감정임을 이야기하고 공감해 주세요.

Do not talk to Grandma that way.

할머니께 그렇게 말하지 마.

Grandma, get me some milk!

할머니, 우유 줘요!

Do not talk to Grandma that way.

할머니께 그렇게 말하지 마.

Also, you can get it yourself.

그리고 너 혼자 할 수 있잖아.

Okay, sorry...

알겠어요, 죄송해요…….

✂ 오늘의 구문

do not talk to ~ that way ~에게 그렇게 말하지 마
✔ Do not talk to me that way. 내게 그렇게 말하지 마.
✔ Do not talk to your friend that way. 네 친구에게 그렇게 말하지 마.

✂ 오늘의 단어

milk 우유

✂ 오늘의 포인트

아이의 잘못이나 실수를 지적할 때는 조용한 곳에서 따로 이야기하는 게 좋아요. 그래야 아이도 엄마의 말에 오롯이 집중할 수 있어요.

I'm off to bed.

나는 자러 갈 거야.

Mommy is so sleepy.

엄마는 너무 졸리네.

Can we play more?

우리 더 놀 수 있어요?

No, I can't. I need to sleep.

아니, 안 되겠어. 엄마는 자야겠어.

I'm off to bed. **Are you coming?**

엄마는 자러 갈 거야. 너도 올 거니?

❖ 오늘의 구문

I'm off to ~ 나는 ~하러 갈 거야

✔ I'm off to work. 나는 일하러 갈 거야.

✔ I'm off to the gym. 나는 헬스장에 갈 거야.

❖ 오늘의 단어

play 놀다

❖ 오늘의 포인트

잘 시간이 지났는데도 아이가 좀처럼 잘 생각이 없어 보일 때는 할 수 없죠. 엄마가 먼저 자러 가는 수 밖에요.

Did you wash up?

씻었어?

 It's already nine. Did you wash up?

벌써 아홉 시네. 씻었어?

 Not yet.

아직이요.

 Wash your face.

세수하렴.

 All right...

알겠어요……

🔢 오늘의 구문

did you wash ~? ~를 씻었어?
- ✓ Did you wash your hands? 손 씻었어?
- ✓ Did you wash your hair? 머리 감았어?

🔢 오늘의 단어

face 얼굴

🔢 오늘의 포인트

'wash up'은 물과 비누로 씻는 것을 의미해요. 세수, 머리 감기, 샤워, 손 씻기 등에 활용할 수 있는 표현이에요.

What should you say?

뭐라고 말해야 하지?

 Yay! Grandma gave me money!

야호! 할머니께서 용돈을 주셨어요!

 What should you say?

뭐라고 말해야 하지?

 Thank you.

감사합니다.

 That's right. Go thank her.

맞아. 가서 감사하다고 말씀 드리렴.

🟦 **오늘의 구문**

what should you say to ~? ~에게 뭐라고 말해야 하지?

✔ What should you say to Grandpa? 할아버지께 뭐라고 말씀드려야 하지?

✔ What should you say to your sister? 누나한테 뭐라고 말해야 하지?

🟦 **오늘의 단어**

grandma 할머니

🟦 **오늘의 포인트**

아이들 스스로 상황에 맞는 말이 무엇인지 생각해 볼 수 있는 기회를 줄 때 활용하기 좋은 표현이에요.

I'm sorry for yelling at you.

소리 질러서 미안해.

She threw my train!

저 애가 내 기차를 던졌어요!

But you broke her castle!

하지만 네가 그 아이의 성을 부쉈잖아!

No. It wasn't me!

아니요. 그건 제가 아니었어요!

I didn't know. I'm sorry for yelling at you.

그건 몰랐어. 소리 질러서 미안해.

오늘의 구문

I'm sorry for ~ ~해서 미안해
- ✔ I'm sorry for not believing you. 너를 믿지 않아서 미안해.
- ✔ I'm sorry for not remembering. 기억하지 못해서 미안해.

오늘의 단어

yell 소리치다

오늘의 포인트

부모도 자녀에게 잘못했을 때 제대로 사과할 필요가 있어요. 사과는 나약함을 드러내는 것이 아니라 잘못을 인정하도록 가르치는 하나의 방법이죠.

What do you want to wear?

어떤 걸 입고 싶니?

 **Let's get dressed.**

옷을 입자.

What do you want to wear today?

오늘은 어떤 걸 입고 싶니?

I want to wear my yellow shirt.

제 노란색 티셔츠를 입고 싶어요.

Okay, here you go.

좋아, 여기 있어.

❖ 오늘의 구문

what do you want to ~? 무엇을 ~하고 싶니?
- What do you want to eat? 무엇을 먹고 싶니?
- What do you want to do? 무엇을 하고 싶니?

❖ 오늘의 단어

wear 입다

❖ 오늘의 포인트

"What do you want to (동사원형)?"에서 동사만 바꾸면 다양한 상황에서 유용하게 활용할 수 있어요.

Try kicking the ball.

공을 차 봐.

 I'll be the goalkeeper.

내가 골키퍼를 할게.

 Try kicking the ball into the net.

공을 골대 안으로 차 봐.

 Okay, here I go!

알았어요, 자 갑니다!

 Good shot!

잘 찼어!

 오늘의 구문

try -ing 한번 ~해 봐
✔ **Try reading a book!** 책을 한번 읽어 봐.
✔ **Try making a cake!** 케이크를 한번 만들어 봐.

 오늘의 단어

kick (발로) 차다

오늘의 포인트

'goalkeeper(골키퍼)'의 줄임말로 'goalie'를 혼용하기도 하지만, 축구에서는 'goalkeeper', 하키에서는 'goalie'를 주로 써요.

WEEK

39

매일 하지 못해도 괜찮아요.

I'm your number-one fan!

나는 너의 최고의 팬이야!

I made this in art class.

미술 시간에 이걸 만들었어요.

That's beautiful! Let's hang it up here.

아름답다! 여기에 걸자.

Okay.

좋아요.

I'm your number-one fan!

나는 너의 최고의 팬이야!

🔧 오늘의 구문

I'm your ~ 나는 너의 ~야
- ✔ I'm your supporter. 나는 너의 지지자야.
- ✔ I'm your guardian. 나는 너의 보호자야.

🔧 오늘의 단어

hang up 걸다

🔧 오늘의 포인트

아이들의 미술 작품이나 춤 또는 다른 창의적인 활동을 본 뒤에 활용하기 좋은 표현이에요. 너에게 앞으로 많은 팬들이 생기겠지만, 그중에 엄마가 제1호 팬이라는 의미죠.

Can you come with me?

같이 갈래?

 Mommy, what are we doing today?

엄마, 우리 오늘 뭐 해요?

 I have to run some errands.

나는 해야 할 일들이 있어.

 Can you come with me?

같이 갈래?

 Yes! I can be your helper today.

네! 오늘은 제가 도우미 해 줄게요.

💮 오늘의 구문

come with 따라오다
✔ I want to come with Daddy. 아빠랑 같이 가고 싶어요.
✔ Can I come with our puppy? 우리 강아지랑 같이 가도 돼요?

💮 오늘의 단어

errand 간단한 볼일

💮 오늘의 포인트

'run errands'는 흔히 '심부름하다'라는 뜻으로 알고 있지만, 세탁소 방문, 택배나 우편물을 보내는 등의 간단한 바깥 볼일을 뜻하기도 해요.

How about relaxing at home?

집에서 쉬는 게 어때?

 **Do you want to ride your bike?**

자전거 타고 싶어?

No.

아니요.

How about relaxing at home?

집에서 쉬는 게 어때?

Can you read me a book?

저 책 좀 읽어 줄 수 있어요?

 오늘의 구문

how about ~ ~하는 거 어때?

✔ How about relaxing in bed? 침대에서 쉬는 거 어때?
✔ How about listening to music? 음악 듣는 거 어때?

오늘의 단어

bicycle/bike 자전거

오늘의 포인트

'relax' 외에 '휴식을 취하다'라는 의미로 'unwind'가 있어요. 직역하면 '감긴 것을 풀다'라는 의미지만, 실제로는 '긴장을 푼다'라는 의미로 많이 쓰여요.

That looks great on you!

너한테 아주 잘 어울리네!

 Okay, now try this sweater on.

좋아, 이제 이 스웨터를 입어보자.

 Aw, that looks great on you!

오, 너한테 아주 잘 어울리네!

 Thank you.

고마워요.

 Red really suits you!

빨간색이 네게 정말 딱이네!

🞐 오늘의 구문

that looks ~ on you 너에게 ~해 보여
- ✔ That looks so nice on you. 너한테 정말 잘 어울려 보여.
- ✔ That looks amazing on you. 너한테 정말 멋져 보여.

🞐 오늘의 단어

suit 어울리다

🞐 오늘의 포인트

예쁜 옷을 입히고 싶은 엄마 마음도 모르고, 새 옷을 거부하는 아이들이 종종 있죠. 칭찬과 인내가 필요합니다.

WEEK

15

엄마 아빠가 행복해야 아이도 행복해요.

Watch me do it first.
먼저 내가 하는 걸 봐.

 ## How do you do a cartwheel?
옆돌기는 어떻게 하는 거예요?

 ## Watch me do it first.
먼저 내가 하는 걸 봐.

 ## Tada!
짜잔!

 ## Wow! Can you teach me?
와! 저한테 가르쳐 주실 수 있어요?

 오늘의 구문

watch me ~ first 먼저 내가 ~하는 걸 봐
- Watch me play first. 우선 내가 연주하는 걸 봐.
- Watch me do the dance first. 먼저 내가 춤추는 걸 봐.

 오늘의 단어

cartwheel 옆돌기

오늘의 포인트

'보다'란 뜻을 가진 단어는 'see', 'look', 'watch' 등 여러 가지가 있어요. 그중 'watch'
는 일정 시간 동안 집중해서 바라보는 걸 의미해요.

It's chilly today.

오늘 날씨가 쌀쌀해.

 I don't want to wear a sweater.

스웨터를 입고 싶지 않아요.

 It's chilly today.

오늘 날씨가 쌀쌀해.

 But I'm hot!

하지만 전 더운데요!

 You're hot now because we're indoors.

지금은 우리가 실내에 있으니까 더운 거야.

✿ 오늘의 구문

it's ~ today 오늘 ~해
- ✔ It's warm today. 오늘 따뜻해.
- ✔ It's windy today. 오늘 바람이 불어.

✿ 오늘의 단어

chilly 쌀쌀한

✿ 오늘의 포인트

날씨를 말할 때는 'the weather is ~' 또는 'It is ~'의 패턴으로 시작할 수 있어요. 날씨를 표현하는 다양한 형용사들을 많이 알아두고 매일 아이와 대화할 때 활용해 보세요.

I knew you could do it!
나는 네가 해낼 거란 걸 알고 있었어!

 I figured out the problem!
그 문제를 풀었어요!

 Let me see.
어디 보자.

 Very impressive.
아주 인상적인걸.

 I knew you could do it!
나는 네가 해낼 거란 걸 알고 있었어!

오늘의 구문

I knew you could ~ 나는 네가 ~할 수 있다는 걸 알고 있었어
✔ I knew you could finish it. 나는 네가 끝낼 수 있다는 걸 알고 있었어.
✔ I knew you could solve it. 나는 네가 해결할 수 있다는 걸 알고 있었어.

오늘의 단어

impressive
인상적인, 감명 깊은

오늘의 포인트

아이가 무언가를 성취해 그에 대한 칭찬과 격려를 표현하고 싶을 때 활용할 수 있어요. '엄마는 널 믿고 있었다'는 의미가 함축돼 있으니 아이의 어깨가 으쓱하겠죠?

Sit properly, please.

똑바로 앉았으면 해.

 I want to sit at the front.

맨 앞에 앉고 싶어요.

 Sure.

그러럼.

 You cannot sit like that, though.

그렇지만 그렇게 앉으면 안 돼.

 Sit properly, please.

똑바로 앉았으면 해.

 오늘의 구문

you cannot ~ like that 그렇게 ~해서는 안 돼
- ✔ You cannot walk like that. 그렇게 걸으면 안 돼.
- ✔ You cannot talk like that. 그렇게 말하면 안 돼.

오늘의 단어

properly 제대로

오늘의 포인트

아이가 의자나 바닥에 앉아 책을 읽거나 TV를 볼 때 자세가 바르지 않은 경우가 많아요. 그럴 때 활용하기에도 좋은 표현이에요.

Did you finish your homework?
숙제는 다 끝냈어?

Can I play this game?
이 게임 해도 돼요?

Did you finish your homework?
숙제는 다 끝냈어?

Can't I do it later?
그건 나중에 하면 안 돼요?

Finish what you need to do first.
해야 할 일들을 먼저 끝내 놔야지.

❎ 오늘의 구문

did you finish ~? ~를 다 끝냈어?
- ✔ Did you finish this page? 이 페이지 다 끝냈어?
- ✔ Did you finish your dinner? 저녁 식사 다 끝냈어?

❎ 오늘의 단어

later 나중에

❎ 오늘의 포인트

아이가 어릴 때 만들어 줘야 할 가장 좋은 습관 중 하나는, 중요한 일을 먼저 완료한 다음 놀이 하도록 하는 거예요. 이후 자녀가 성장했을 때 시간 관리 능력 함양의 밑거름이 될 거예요.

Can you help me cook?

엄마 요리하는 거 도와줄래?

Mommy, what are you doing?

엄마, 뭐 해요?

I'm preparing dinner.

저녁 식사를 준비하고 있어.

Can you help me cook?

엄마 요리하는 거 도와줄래?

Yes! What can I do, Mommy?

네! 제가 뭘 하면 될까요, 엄마?

🟦 오늘의 구문

can you help me ~? ~하는 거 도와줄래?

✔ Can you help me clean this up? 이거 정리하는 거 도와줄래?

✔ Can you help me set up the table? 테이블 세팅하는 거 도와줄래?

🟦 오늘의 단어

dinner 저녁 식사

🟦 오늘의 포인트

편식하는 아이가 있다면, 요리 과정에 참여하도록 해 보세요. 다양한 재료를 탐색하고, 요리에 참여하다 보면, 음식에 감사하고 좀 더 적극적으로 식사 시간을 즐길 거예요.

Pay attention when you're walking.

걸을 때 주의하렴.

Watch out!

조심해!

You almost bumped into that lamp post.

너 저 가로등 기둥에 부딪힐 뻔했잖아.

Oh, I didn't know...

오, 몰랐어요……

Pay attention when you're walking.

걸을 때 주의하렴.

🍀 오늘의 구문

pay attention when ~ ~할 때 주의하렴, 집중하렴
- ✔ Pay attention when you're running. 뛸 때 주의하렴.
- ✔ Pay attention when the teacher is talking. 선생님께서 말씀하실 때 집중하렴.

🍀 오늘의 단어

watch out 조심해

🍀 오늘의 포인트

아이뿐 아니라 어른들도 휴대전화를 보며 걷는 경우를 많이 봐요. 정말 위험한 행동임을 아이에게 분명히 이야기해 주고, 부모도 그렇게 하지 않도록 주의해야 해요.

Keep up the good work!

계속 그렇게 잘하렴!

 **I finished writing my journal.**

일기를 다 썼어요.

Let me take a look.

어디 한번 보자.

Your handwriting is so neat.

글씨를 참 잘 쓰네.

Keep up the good work!

계속 그렇게 잘하렴!

 오늘의 구문

keep up ~ 계속 ~를 하렴

✓ Keep up the great work! 계속 훌륭하게 하렴!
✓ Keep up the amazing work! 계속 멋지게 하렴!

오늘의 단어

journal 일기

 오늘의 포인트

'keep up the good work'는 지금까지 잘해 왔고 앞으로도 지금처럼 잘하길 바란다는 의미로 많이 사용해요. 간단하게 "Keep it up!"이라고도 할 수 있어요.

We're running late.

우리 늦어지고 있어.

 **We're running late.**

우리 늦어지고 있어.

Let's take our food to go.

음식을 싸 가지고 가자.

Are we going to eat in the car?

차에서 먹을 거예요?

Yup. Go on, put your shoes on.

응. 어서 가, 신발 신어.

🌸 오늘의 구문

be running ~ ~하고 있다

✔ We're running behind schedule. 우리 예정보다 늦어지고 있어.
✔ We're running on a busy schedule today. 우리 오늘 바쁜 일정을 하고 있어.

🌸 오늘의 단어

shoes 신발

🌸 오늘의 포인트

시간에서의 'run'은 '뛰다'가 아닌 '진행되다'의 의미예요. 원어민은 "I'm late(나 늦었어)."보다는 "I'm running late(나 늦어지고 있어)."를 더 많이 사용해요.

Can we all play together?

우리 다 같이 놀 수 있을까?

Yena is playing by herself.

예나가 혼자서 놀고 있네.

Can we all play together?

우리 다 같이 놀 수 있을까?

She keeps changing the rules!

예나가 자꾸 규칙을 바꿔요!

Let's talk to her.

예나랑 한번 이야기해 보자.

 오늘의 구문

can we all ~? 우리 다 같이 ~할 수 있을까?
- ✔ Can we all play quietly? 우리 다 같이 조용히 놀 수 있을까?
- ✔ Can we all talk nicely? 우리 다 같이 친절하게 말할 수 있을까?

 오늘의 단어

rule 규칙

오늘의 포인트

아이에게 친구와 사이좋게 노는 방법을 알려 주는 것도 부모가 해야 할 중요한 역할이에요.

WEEK
38

요즘 아이에게 가장 많이 한 말은 무엇인가요.

You must be so sad.
정말 슬프겠구나.

 Mom, Do-yoon says she's moving.

엄마, 도윤이가 이사 간대요.

 I can't believe it.

믿을 수가 없어요.

 You must be so sad.

정말 슬프겠구나.

 When is she leaving?

언제 이사 간대?

🈁 **오늘의 구문**

you must be so ~ 정말 ~하겠구나
✔ You must be so angry. 정말 화가 났겠구나.
✔ You must be so frustrated. 정말 황당했겠구나.

🈁 **오늘의 단어**

sad 슬프다

🈁 **오늘의 포인트**

'you must be so ~'는 아이의 감정을 읽고 공감해 줘야 하는 상황에서 활용하기 좋은 표현이에요.

You have ten more minutes.

네게 10분의 시간이 더 있어.

 Sweetheart, we need to go home soon.

애야, 우리는 곧 집에 가야 해.

 Do we have to go?

꼭 가야 해요?

 Yes. You have ten more minutes.

응. 네게 10분의 시간이 더 있어.

Okay...

알겠어요…….

😂 오늘의 구문

you have A more B A가 B를 더 가지다, 있다
✔ You have twenty more minutes. 너에게 20분의 시간이 더 있어.
✔ You have one more hour. 너에게 한 시간이 더 있어.

😂 오늘의 단어

home 집

😂 오늘의 포인트

아이가 한창 재미있게 놀고 있는데 갑자기 집에 가자고 하면 상실감은 이루 말할 수 없을 거예요. 마음의 준비를 할 수 있도록 몇 분 더 시간을 줄 때 활용할 수 있는 표현이에요.

Hold on tight!
꽉 잡아!

 How about we go on the seesaw?
우리 시소 타는 거 어때?

 Okay!
좋아요!

 Sit down and hold on tight!
앉아서 꽉 잡아!

 Here we go!
간다!

 오늘의 구문

hold on 잡고 있다
✔ Hold on with both hands. 양손으로 잡고 있어.
✔ Hold on, and don't let go. 꽉 잡고 놓지 마.

 오늘의 단어

sit down 앉다

오늘의 포인트

시소를 뜻하는 영어 단어로는 'seesaw'와 'teeter-totter'가 있어요. 두 단어 모두 영어권 국가에서 통용되는데, 지역에 따라 약간의 차이가 있기도 해요.

Well done on setting the table.
테이블 세팅을 잘했네.

 Wow. What's this?

와, 이게 뭐야?

 I set the table all by myself!

저 혼자 테이블 세팅을 했어요!

 Well done on setting the table.

테이블 세팅을 잘했네.

 Everyone should help!

모두가 도와야지!

 오늘의 구문

well done on ~ ~를 잘했네
- Well done on your homework. 숙제를 잘했네.
- Well done on taking care of your baby sister. 여동생 돌보기를 잘했네.

 오늘의 단어

everyone 모두

오늘의 포인트

"Good job!"이라고만 해도 좋지만 구체적으로 칭찬하고 싶을 때는 뒤에 무엇에 관한 칭찬인지 덧붙여 주세요.

WEEK 16

부모든 아이든 실수는 누구나 할 수 있어요.

Don't let me see your cards.

네 카드를 보여 주면 안 돼.

 **It's a game of getting rid of all your cards.**

이건 자신의 카드를 모두 없애는 게임이야.

 **Oh, but don't let me see your cards.**

오, 하지만 네 카드를 보여 주면 안 돼.

Oops, okay. Can I start, Mommy?

앗, 알겠어요. 제가 시작해도 될까요, 엄마?

Yup, go ahead.

응, 먼저 하렴.

🌸 오늘의 구문

don't let me ~ 내가 ~하게 해서는 안 돼
- ✔ Don't let me eat your piece. 내가 너의 말을 먹게 해서는 안 돼.
- ✔ Don't let me get four in a row. 내가 네 개를 연속으로 놓게 해서는 안 돼.

🌸 오늘의 단어

get rid of ~를 제거하다

🌸 오늘의 포인트

아이와 게임을 즐기기에 앞서 게임의 규칙을 잘 설명해 주세요.

Can you put that on by yourself?

혼자서 입을 수 있겠어?

Should I wear this?

이거 입어야 해요?

Yep, that's the one.

그래, 그거야.

Can you put that on by yourself?

혼자 입을 수 있겠어?

Of course I can! Watch this.

물론 할 수 있죠! 보세요.

✦ 오늘의 구문

can you ~ by yourself? 혼자 ~ 할 수 있어?
- ✔ Can you read by yourself? 혼자 읽을 수 있어?
- ✔ Can you go by yourself? 혼자 갈 수 있어?

✦ 오늘의 단어

put on 입다

✦ 오늘의 포인트

'put on'은 옷, 신발, 액세서리 등을 착용하는 동작을, 'wear'는 이들을 입고 있는 상태를 의미해요.

What can we learn from this?

여기서 우리가 무엇을 배울 수 있지?

So what can we learn from this?

여기서 우리가 무엇을 배울 수 있지?

People can like different things.

사람들은 서로 다른 걸 좋아할 수 있어요.

And what can you do next time?

그래서 다음번에는 어떻게 할 거야?

Respect what she likes?

그 아이가 좋아하는 걸 존중해요?

❂ 오늘의 구문

what can we learn from ~? ~로부터 우리가 무엇을 배울 수 있지?

✔ What can we learn from today? 오늘 우리가 무엇을 배울 수 있지?

✔ What can we learn from this situation? 이 상황에서 우리가 무엇을 배울 수 있지?

❂ 오늘의 단어

respect 존중하다

❂ 오늘의 포인트

아이가 실수를 했을 때 반성의 시간을 갖고 다음에는 어떻게 하면 더 잘 대처할 수 있을지에 대해 이야기할 때 활용할 수 있는 표현이에요.

Safety comes first.

안전이 우선이야.

Do not wander off.

돌아다니지 마.

Make sure you can see me at all times.

항상 엄마가 보이는지 확인하렴.

Okay, Mommy.

알겠어요, 엄마.

Safety comes first.

안전이 우선이야.

🔹 오늘의 구문

~ comes first ~가 우선이다
✔ Family comes first. 가족이 우선이야.
✔ Our health always comes first. 우리의 건강이 항상 우선이야.

🔹 오늘의 단어

safety 안전

🔹 오늘의 포인트

혼잡한 장소나 아이들이 쉽게 산만해질 수 있는 곳에서는 안전의 중요성을 알려 주는 게 좋아요. 안전을 위한 몇 가지 규칙과 비상시 대처 법을 미리 말해 주세요.

Dry your hair.

머리를 말리렴.

 I'm done showering!

샤워 다 했어요!

 Look at your hair. It's dripping wet.

네 머리 좀 봐. 물이 뚝뚝 떨어지잖아.

 Dry your hair with the hair dryer.

드라이기로 머리를 말리렴.

 All right.

알겠어요.

 오늘의 구문

dry ~ ~ (물기를) 말려
✓ Dry your body. 몸을 말려.
✓ Dry your hands with the towel. 수건으로 손을 말려(닦아).

 오늘의 단어

dripping wet
물이 뚝뚝 떨어지는

 오늘의 포인트

세계적으로는 'hair dryer'라고 하지만, 미국에서는 'blow dryer'라고도 해요. 상대방이 대화의 흐름을 잘 이해하고 있다면 그냥 'dryer'라고 말할 수도 있어요.

What happened to your leg?
너 다리가 왜 그래?

 **Hi, Mommy!**

다녀왔어요, 엄마!

What happened to your leg?

너 다리가 왜 그래?

Oh, I fell during recess.

아, 쉬는 시간에 넘어졌어요.

Is the scrape bad? Let me see.

심하게 긁혔니? 어디 보자.

⊞ 오늘의 구문

what happened to ~? ~가 왜 그래?
- ✓ What happened to your hand? 너 손이 왜 그래?
- ✓ What happened to your sneakers? 너 운동화가 왜 그래?

⊞ 오늘의 단어

recess 쉬는 시간

⊞ 오늘의 포인트

활동적인 시기인 만큼 종종 크고 작은 상처가 생기기 마련이죠. 'scrape'는 명사로 '긁힌 상처', 동사로는 '(실수로 상처가 나도록) 긁다'라는 의미가 있어요.

I guess you didn't know.

아무래도 네가 몰랐나 보구나.

You hung up and didn't even say bye.

너 인사도 하지 않고 전화를 끊었어.

Oops, sorry.

앗, 죄송해요.

I guess you didn't know.

아무래도 네가 몰랐나 보구나.

Please don't do that next time.

다음에는 그렇게 하면 안 돼.

🌸 **오늘의 구문**

I guess ~ 아무래도 ~했나 보구나

✔ I guess you weren't looking. 아무래도 네가 안 보고 있었나 보구나.

✔ I guess you had no idea. 아무래도 네가 몰랐나 보구나.

🌸 **오늘의 단어**

bye 안녕(헤어질 때)

🌸 **오늘의 포인트**

일찍부터 휴대전화를 사용하는 아이들이 많아요. 사용하기 전에 전화 예절을 익히는 과정이 반드시 필요해요.

Keep your hands to yourself.

친구 몸에 손대지 마.

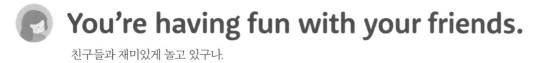 **You're having fun with your friends.**

친구들과 재미있게 놀고 있구나.

But keep your hands to yourself.

하지만 친구 몸에 손대지 마.

Okay, but we're just playing.

네, 그런데 우린 그냥 노는 거예요.

But you're being too rough.

하지만 네가 너무 거칠게 하잖아.

📋 오늘의 구문

keep your ~ ~를 유지하고 있어
✔ Keep your belt buckled. 벨트를 매고 있어.
✔ Keep your arms inside the ride. 팔을 놀이기구 안쪽에 넣고 있어.

📋 오늘의 단어

rough 거칠게

📋 오늘의 포인트

'keep your hands to yourself'는 직역하면 '네 팔을 너에게 유지해'이지만
그 안에는 '다른 사람을 신체적으로 괴롭히지 마'라는 의미가 있어요.

Let's take a look at your schedule.

네 일정을 살펴보자.

 Do I have ballet class today?

오늘 발레 수업 가나요?

 Let's take a look at your schedule.

네 일정을 살펴보자.

 Look here.

여기 봐 봐.

 Oh, I have ballet tomorrow.

오, 발레 수업은 내일이네요.

❋ 오늘의 구문

let's take a look at~ ~를 살펴보자
✔ Let's take a look at your homework. 네 숙제를 살펴보자.
✔ Let's take a look at your bruise. 네 멍을 살펴보자.

❋ 오늘의 단어

schedule
스케줄, 일정

❋ 오늘의 포인트

'schedule'은 일정에 따라 일어나는 일들을 나열한 계획을 뜻해요. 따라서, 단 한 가지 항목을 의미하지 않기 때문에 셀 수 있는 형태로 사용할 수 없어요. "I have a schedule."(x)

How about we play outdoors?

우리 밖에서 노는 게 어때?

 ## The weather's amazing today.

오늘 날씨가 참 좋네.

 ## How about we play outdoors?

우리 밖에서 노는 게 어때?

 ## Can we go to the playground?

놀이터에 가도 돼요?

Of course.

물론이지.

 오늘의 구문

how about we play ~? 우리 ~하고 노는 게 어때?
- ✓ How about we play house? 우리 소꿉놀이 하며 노는 게 어때?
- ✓ How about we play inside? 우리 실내에서 노는 게 어때?

 오늘의 단어

playground 놀이터

오늘의 포인트

'outside'와 'outdoors'는 둘 다 '실외'를 의미해요. 다만 'outside'는 바깥의 특정 장소를, 'outdoors'는 건물 밖을 뜻하죠.

WEEK 37

모르는 건 부끄러운 게 아니에요.

You've got this!
넌 할 수 있어!

 I'm nervous about my presentation.

발표 때문에 긴장돼요.

 What if I mess up?

망치면 어쩌죠?

 You've been practicing hard.

열심히 연습했잖아.

 You've got this!

넌 할 수 있어!

⚒ 오늘의 구문

you've got ~ 넌 ~를 가지고 있어
✔ You've got what it takes. 넌 필요한 것들을 가지고 있어.
✔ You've got it under control. 넌 그걸 통제하고 있어.

⚒ 오늘의 단어

mess up 망치다

⚒ 오늘의 포인트

아이의 도전을 응원할 때 많이 쓰이는 표현이에요. '넌 그 일을 해낼 만한 능력을 가졌다'
라는 의미를 담고 있죠.

I'll always love you.

나는 항상 너를 사랑할 거야.

Are you angry at me?

저한테 화났어요?

You don't love me, right?

저를 사랑하지 않죠, 그렇죠?

Yes, I'm very angry that you did that.

그래, 네가 그렇게 해서 엄마는 화가 많이 났어.

But I'll always love you.

하지만 나는 항상 너를 사랑할 거야.

🧩 **오늘의 구문**

I'll always ~ 나는 항상 ~할 거야
✔ I'll always be here for you. 나는 항상 너를 위해 여기에 있을 거야.
✔ I'll always care for you. 나는 항상 너를 보살필 거야.

🧩 **오늘의 단어**

angry 화

🧩 **오늘의 포인트**

순간적인 감정에 아이에게 화를 내고 나면 엄마의 마음은 더 불편해져요. 그럼에도 불구하고 항상 아이를 사랑하고, 그 마음은 변하지 않을 거라고 아이에게 말해 주세요.

Can I read you a story?

내가 이야기를 하나 읽어 줄까?

 **I'm bored, and I don't know what to do.**

심심한데 뭘 해야 할지 모르겠어요.

Can I read you a story?

엄마가 이야기 하나 읽어 줄까?

Okay.

좋아요.

Let me get a book. Hold on.

엄마가 책 가져올게. 기다려 봐.

❏❏ **오늘의 구문**

can I read you ~? ~를 읽어 줄까?
✔ Can I read you this book? 이 책 읽어 줄까?
✔ Can I read you my favorite book? 내가 가장 좋아하는 책 읽어 줄까?

❏❏ **오늘의 단어**

story 이야기

❏❏ **오늘의 포인트**

'bored'와 'boring'을 혼동하지 않도록 주의해야 해요. '-ed'로 끝나는 형용사는 주어가 느끼는 감정을, '-ing'는 사물이나 사람의 특징을 말해요.

Your sister is still a baby.

네 동생은 아직 아기야.

 You love her more than me!

동생을 저보다 더 사랑하잖아요!

 No, I love you both equally.

아니, 나는 너희 모두를 똑같이 사랑해.

 But your sister is still a baby.

그렇지만 네 동생은 아직 아기야.

 So she needs my help more than you.

그래서 내 도움이 조금 더 많이 필요해.

🧩 오늘의 구문

A be still B A는 아직(여전히) B다
- ✔ You're still in kindergarten. 너는 아직 유치원생이야.
- ✔ She's still your friend. 그 아이는 여전히 너의 친구야.

🧩 오늘의 단어

equally 똑같이

🧩 오늘의 포인트

질투는 자연스러운 감정이에요. 질투하는 아이의 마음을 읽어 주고, 사랑한다고 말해 주세요.

WEEK 17

선선한 바람이 불면 아이와 손잡고 산책해요.

Like this.

이렇게.

 play

DAY
250

 What's this, Mommy?

이건 뭐예요, 엄마?

 Oh, that's a string to play cat's cradle!

오, 실뜨기 놀이 할 때 쓰는 줄이야!

 How do I use it?

어떻게 사용하는 거예요?

 Here. Like this.

자. 이렇게.

 오늘의 구문

like this 이렇게
- Stretch your arms like this. 팔을 이렇게 펴 봐.
- Fold the paper like this. 종이를 이렇게 접어 봐.

 오늘의 단어

cat's cradle 실뜨기

오늘의 포인트

'string'과 'rope'는 둘 다 줄 또는 끈을 의미하지만 두께에 차이가 있어요. 'string'은 가는 줄, 'rope'는 굵은 줄이에요.

We need to leave by seven-thirty.

우리 일곱 시 반에는 출발해야 해.

What are you doing?

뭐 하고 있어?

I'm drawing something.

뭐 좀 그리고 있어요.

Nice. Just a heads up.

좋아. 미리 알려 줄게.

We need to leave by seven-thirty.

우리 일곱 시 반에는 출발해야 해.

❖ 오늘의 구문

need to leave by (시각) (시각)에는 출발해야 해
✔ We need to leave by nine. 우리 아홉 시에는 출발해야 해.
✔ We need to leave by three. 우리 세 시에는 출발해야 해.

❖ 오늘의 단어

draw 그림을 그리다

❖ 오늘의 포인트

'leave at(시각)'은 정시 출발을, 'leave by(시각)'는 늦어도 그 시각에는 출발해야 한다는 데드라인을 의미해요.

I'm listening.

듣고 있어.

 I'm very, very angry right now!

저는 지금 정말 너무 화가 나요!

 I'm listening.

듣고 있어.

 He hides my toys so I can't find them!

걔가 제가 찾을 수 없게 장난감을 숨겨요!

 Let's go talk to him.

그 아이에게 가서 얘기해 보자.

 오늘의 구문

I'm listening (to) ~ ~를 듣고 있어

✔ I'm listening to the audio book. 오디오북을 듣고 있어.
✔ I'm listening to what you're saying. 네가 말하는 걸 듣고 있어.

 오늘의 단어

hide 감추다

오늘의 포인트

아이에게 네 말을 집중해서 듣고 있다는 걸 알려 줄 때 사용하기 좋은 표현이에요. 잘 듣고 있다는 걸 알면 아이가 자신의 솔직한 마음을 더 잘 들려 줄 거예요.

I can't understand you.

나는 이해할 수가 없어.

What are you saying?

무슨 말을 하는 거야?

I can't understand you when you talk like that.

네가 그렇게 말하면 엄마는 이해할 수가 없어.

Take a deep breath to calm down.

마음을 진정시키기 위해서 숨을 깊이 들이쉬어 봐.

Okay...

알겠어요…….

🍀 오늘의 구문

I can't understand ~ ~를 이해할 수가 없어

✔ I can't understand you when you're shouting. 네가 소리 지르면 네 말을 이해할 수 없어.
✔ I can't understand you when your face is covered. 얼굴을 가리면 네 말을 이해할 수가 없어.

🍀 오늘의 단어

breath 숨

🍀 오늘의 포인트

흥분한 아이가 한꺼번에 이런저런 말들을 쏟아낼 때는 먼저 마음을 차분히 가라앉히고 천천히 말할 수 있게 도와주세요.

Can you put this away?

이것 좀 정리해 줄래?

 **Can I draw here?**

여기서 그림 그려도 돼요?

Of course. But let's clear the table first.

물론이지. 하지만 일단 테이블을 정리하자.

Can you put this away?

이것 좀 정리해 줄래?

Okay.

네.

🎀 **오늘의 구문**

can you put ~ away? ~를 좀 정리해 줄래?
- ✔ Can you put your toy cars away? 네 장난감 자동차들 좀 정리해 줄래?
- ✔ Can you put these crayons away? 이 크레용들 좀 정리해 줄래?

🎀 **오늘의 단어**

clear 깨끗이 하다

🎀 **오늘의 포인트**

'table'은 상부가 평평한 다양한 가구들을 지칭해요. 식탁은 'dining table', 소파 앞의 탁자는 'coffee table', 책상은 보통 'desk'라고 하지만 'table'이라고 하기도 해요.

Open wide, please.
(입을) 더 크게 벌려 봐.

I'm going to floss and brush your teeth.
엄마가 양치와 치실을 해 줄게.

Okay.
알겠어요.

Open wide, please.
(입을) 더 크게 벌려 봐.

Ahhh.
아.

오늘의 구문	오늘의 단어	오늘의 포인트
open ~, please ~를 열어 줘 ✔ Open the door, please. 문을 열어 줘. ✔ Open the top drawer, please. 맨 위 서랍을 열어 줘.	**floss** 치실을 하다	'open wide'는 '입을 크게 벌리다'라는 의미의 관용구예요. 아직 양치가 서툰 아이의 치아를 꼼꼼히 닦아 줄 때 사용해 보세요.

Turn it down.
소리를 줄여.

It's too loud. Turn it down, please.

너무 시끄럽네. 소리를 줄여 줘.

Oh, sorry. I didn't know.

오, 죄송해요. 몰랐어요.

That's okay.

괜찮아.

Why don't you use your headphones?

네 헤드폰을 사용하는 게 어때?

🔷 오늘의 구문	🔷 오늘의 단어	🔷 오늘의 포인트
turn ~ down ~를 줄여	**headphones** 헤드폰	'turn down'은 소리나 볼륨을 줄이는 것 외에도 밝기나 온도 등을 조절할 때 사용할 수 있어요.
✔ Turn the light down. 조명 줄여.		
✔ Turn the temperature down. 온도 줄여.		

Let's talk about it.

그것에 관해 이야기해 보자.

You're waking up late these days.

너 요즘에 늦게 일어나네.

I know...

저도 알아요…….

Let's talk about it.

그것에 관해 이야기해 보자.

What do you think is the problem?

무엇이 문제인 것 같아?

🔲 **오늘의 구문**

let's talk about ~ ~에 관해 이야기해 보자
✔ Let's talk about this problem. 이 문제에 관해 이야기해 보자.
✔ Let's talk about this bad habit. 이 나쁜 습관에 관해 이야기해 보자.

🔲 **오늘의 단어**

problem 문제

🔲 **오늘의 포인트**

'talk about ~'은 일상에서의 대화를, 'discuss(논의하다)'는 보다 공식적인 논의를 의미해요. 'talk'와 달리 'discuss' 뒤에는 전치사가 붙지 않아요.

Comb your hair.

머리를 빗으렴.

 I'm done, Mommy.

다 됐어요, 엄마.

 Not quite. Comb your hair.

아직이야. 머리를 빗으렴.

 Do I have to?

꼭 해야 해요?

 Of course.

물론이지.

✿ 오늘의 구문

comb ~ ~를 빗으렴

✔ Comb your hair gently. 머리를 살살 빗으렴.
✔ Comb the bottom part first. 아래쪽부터 빗으렴.

✿ 오늘의 단어

hair 머리카락

✿ 오늘의 포인트

'comb'는 동사와 명사 두 가지 모두로 사용할 수 있어요. 'comb'의 'b'는 묵음이니 발음에 주의하세요.

I can go second.

내가 두 번째로 갈게.

 Can I go first, please?

제가 먼저 가도 될까요?

 Sure. I can go second.

물론이지. 내가 두 번째로 갈게.

 I don't mind.

난 상관없어.

 Yay. Thank you, Mommy!

유후. 고마워요, 엄마!

 오늘의 구문

I can go ~ 내가 ~로 가도 돼
✔ I can go first. 내가 첫 번째로 가도 돼.
✔ I can go last. 내가 마지막으로 가도 돼.

오늘의 단어

mind 마음, 꺼리다

오늘의 포인트

first(첫 번째), second(두 번째), third(세 번째) 등의 서수는 주로 날짜, 건물의 층수, 학년 등에 사용하니 알아두면 유용해요.

WEEK 36

아무리 바빠도 하루 한 번은 꼭 안아 주세요.

You did it!

네가 해냈어!

 Look, Mommy.

보세요, 엄마.

 I can finally jump rope ten times in a row.

드디어 줄넘기를 열 번 연속으로 뛰었어요.

 Let's see.

어디 보자.

 Wow. You did it!

와. 네가 해냈어!

 오늘의 구문

you did ~ 네가 ~를 했어

✓ **You did well!** 네가 잘했어!

✓ **You did an amazing job.** 네가 놀라운 일을 해냈어.

 오늘의 단어

rope 줄

오늘의 포인트

좁은 장소에서 특별한 장비 없이 할 수 있는 고강도 유산소 운동 '줄넘기'는 해외에서도 각광받는 스포츠예요.

I'm so blessed to have you.

난 네가 있어서 정말 행복해.

I drew this picture of you, Mommy!

제가 엄마 그림을 그렸어요!

Wow, I look like a superhero.

와, 내가 슈퍼 히어로처럼 보여.

That's because you are my hero!

왜냐하면 엄마는 저의 영웅이잖아요!

Aww. I'm so blessed to have you.

오. 난 네가 있어서 정말 행복해.

🞙 오늘의 구문

I'm so blessed to ~ 나는 ~해서 정말 행복해

✔ I'm so blessed to be your mom. 난 네 엄마가 되어서 정말 행복해.
✔ I'm so blessed to have you as my son. 난 네가 내 아들이라 정말 행복해.

🞙 오늘의 단어

hero 영웅

🞙 오늘의 포인트

'blessed'가 감사를 느끼는 '축복'의 의미라면, 'lucky'는 그보다는 살짝 가벼운 '행운'의 의미로 뉘앙스에 차이가 있어요.

Time flies.

시간이 빨리 가.

 Time to do your homework.

숙제 할 시간이야.

 What? Already? I only watched two shows.

정말요? 벌써요? 두 개밖에 못 봤어요.

 Time flies.

시간이 빨리 가지.

 But it's been an hour.

그렇지만 한 시간이나 지났어.

❋ 오늘의 구문

time flies 시간이 빠르다
✔ Time flies so fast. 시간이 정말 빠르다.
✔ How time flies! 시간이 얼마나 빠른지!

❋ 오늘의 단어

already 벌써

❋ 오늘의 포인트

쉬는 시간은 왜 그렇게 빨리 지나가는지 모르겠어요. 아이뿐만 아니라 어른도 마찬가지라 공감하며 사용할 수 있는 표현이에요.

That is lovely!

그거 정말 멋진데!

 I painted this in art.

미술 시간에 이걸 그렸어요.

 That is lovely! I love the details.

그거 정말 멋진데! 디테일이 좋다.

 What did you use?

무엇을 사용한 거야?

 We used acrylic paint.

아크릴 물감을 썼어요.

🍀 오늘의 구문

that is ~ 그것은 ~ 하다
✔ That is beautiful. 그것은 아름답네.
✔ That is so creative! 그것은 정말 창의적이네!

🍀 오늘의 단어

paint 물감

🍀 오늘의 포인트

'lovely'에는 '사랑스러운' 외에도 많은 의미가 있어요. 즐겁고, 기분 좋고, 아름답고, 멋지다는 의미들이 함축돼 있죠.

WEEK 18

반복하면 할수록 더 자연스러워질 거예요.

Let's build a sandcastle!

모래성을 만들자!

Let's build a sandcastle!

모래성을 만들자!

Okay!

좋아요!

Look, I brought shovels and buckets.

봐 봐, 삽이랑 양동이를 가져왔어.

I'll fill the bucket with water.

엄마가 양동이에 물을 채울게.

🔧 오늘의 구문

let's build ~ ~를 만들자
✔ Let's build a snowman. 눈사람을 만들자
✔ Let's build a big fort. 커다란 요새를 만들자.

🔧 오늘의 단어

fill 채우다

🔧 오늘의 포인트

'build'는 '건물을 짓다, 건축하다'라는 의미의 동사이지만, 그 외에도 부품을 조립하거나 무언가를 쌓아 올리는 일이라면 어디든 사용할 수 있어요.

Do you need to pee before we go?

출발하기 전에 화장실 갈래?

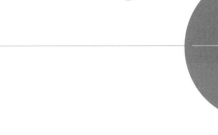

 Let's go, Mommy!

가요, 엄마!

 Do you need to pee before we go?

출발하기 전에 화장실 갈래?

 No.

아뇨.

 We'll be in the car for a while.

우리 꽤 오랫동안 차 타고 가야 해.

 오늘의 구문

do you need to ~? ~를 해야 해?
- Do you need to drink some water? 물을 좀 마셔야 해?
- Do you need to take this? 이거 가져가야 해?

오늘의 단어

pee 오줌, 오줌을 누다

오늘의 포인트

아이들과 외출하기 전에는 화장실에서 볼일을 보는 게 필수 코스예요. 보통 'go to the bathroom'이라고 하지만 어린아이들에게는 'go pee'라고도 해요.

Ask for permission.

허락을 받도록 해.

 I don't have an eraser.

저 지우개를 안 가져왔어요.

 I think Dong-jun has one.

엄마 생각에 동준이는 갖고 있을 것 같아.

 Oh, he has many!

오, 동준이한테 많아요!

 Before you use one, ask for permission.

사용하기 전에 허락을 받도록 해.

⚜ 오늘의 구문

ask for ~ ~를 요청하다

✔ Ask for help. 도움을 요청해.

✔ We need to ask for permission. 우리는 허락을 요청할 필요가 있어.

⚜ 오늘의 단어

eraser 지우개

⚜ 오늘의 포인트

허락을 구하는 건 아이들의 사회적 상호 작용과 긍정적인 관계를 발달시키기 위한 필수적인 대화 기술이에요.

I'll talk to Daddy about it.

아빠랑 이야기해 볼게.

I should get more screen time.

저 영상 보는 시간을 더 가져야 할 것 같아요.

Can I get one hour like my friends?

제 친구들처럼 한 시간은 안 될까요?

Please, Mommy, please!

제발요, 엄마, 제발!

I'll talk to Daddy about it.

아빠랑 이야기해 볼게.

 오늘의 구문

I'll talk to ~ ~와 이야기해 볼게
✔ **I'll talk to your tutor.** 네 (과외)선생님과 이야기해 볼게.
✔ **I'll talk to their mom.** 그 아이들 엄마와 이야기해 볼게.

오늘의 단어

screen time 영상 보는 시간

오늘의 포인트

아이를 키우다 보면 가끔 악역을 하는 어른이 있고, 친절하게 아이의 요구를 받아 주는 어른이 있죠. 하지만 전 부모가 한 팀으로 동일한 목소리를 내는 게 더 좋다고 생각해요.

You're eating so well!
정말 잘 먹네!

 You're eating so well!
정말 잘 먹네!

 It's so yummy!
너무 맛있어요!

 Do you want more?
더 먹을래?

 Yes, please!
네, 좋아요!

🌸 오늘의 구문

you're -ing so well 정말 잘 ~하네
✔ You're doing it so well. 정말 그걸 잘하네.
✔ You're coloring it so well. 정말 색칠을 잘하네.

🌸 오늘의 단어

more 더 많은 수/양

🌸 오늘의 포인트

정성껏 만들어 준 음식을 맛있게 먹는 아이를 보는 것만큼 행복한 일도 없죠.

You look so sleepy.

너 무척 졸려 보이네.

You look so sleepy.

너 무척 졸려 보이네.

Don't you want to go to bed?

자러 가지 않을래?

I want to finish coloring this page.

이 페이지 색칠을 끝내고 싶어요.

You can always do that tomorrow.

내일 언제든지 하면 되잖아.

🔳 **오늘의 구문**

you look ~ 너 ~처럼 보이네
✔ You look tired. 너 피곤해 보이네.
✔ You look excited. 너 신나 보이네.

🔳 **오늘의 단어**

color 색, 색칠하다

🔳 **오늘의 포인트**

'go to bed(자러 가다)'는 침대로 걸어간다기보다는 잠을 자러 간다는 의미예요. 비슷한 예로는 'go to school(등교하다)'이 있죠.

You shouldn't be running.

뛰면 안 돼.

Hey, guys. No running. It's nighttime.

이봐, 얘들아. 뛰면 안 돼. 지금 밤이야.

I know you guys are having fun.

재미있게 노는 건 알겠어.

But you shouldn't be running.

하지만 뛰면 안 되는 거야.

Okay...

알겠어요…….

🞸 오늘의 구문

you shouldn't be -ing ~해서는 안 돼
✔ You shouldn't be shouting. 소리를 지르면 안 돼.
✔ You shouldn't be pushing. 밀면 안 돼.

🞸 오늘의 단어

nighttime 야간, 밤

🞸 오늘의 포인트

다른 사람에게 피해를 줄 수 있는 행동은 삼가야 한다는 걸 분명하게 알려 줘야 할 때 사용하기 좋은 표현이에요.

I'll wait for you to calm down.

네가 진정할 때까지 기다릴게.

 **It's not all me!**

제가 다 그런 게 아니에요!

I can see you're very upset.

화가 많이 났나 보구나.

I'll wait for you to calm down.

네가 진정할 때까지 기다릴게.

Let's talk when you're ready.

네가 준비가 되면 이야기하자.

오늘의 구문

I'll wait for you to ~ ~할 때까지 기다릴게
- I'll wait for you to pack your things. 짐을 챙길 때까지 기다릴게.
- I'll wait for you to stop crying. 울음을 그칠 때까지 기다릴게.

오늘의 단어

ready
준비된, 준비시키다

오늘의 포인트

'calm'을 발음할 때 'l'은 묵음이라 [캄]이라고 해야 해요. 'palm(야자수)'과 'balm(연고)'도 마찬가지죠.

Wipe your mouth.

입을 닦도록 해.

Are you done eating?

다 먹었니?

Yes. I'm full.

네. 배가 불러요.

Get some tissues and wipe your mouth.

화장지 좀 가져다 입을 닦도록 해.

All right.

그럴게요.

🔹 오늘의 구문

wipe ~ ~를 닦아

✔ Wipe your mouth with this. 이걸로 입을 닦도록 해.
✔ Wipe your bum after you poo. 응가한 뒤에는 엉덩이를 닦아야 해.

🔹 오늘의 단어

mouth 입

🔹 오늘의 포인트

'wipe'는 신체 부위를 닦는 것 외에 식탁이나 테이블 등을 닦을 때도 사용하는 표현이에요.

I'll try again next time.
다음에 다시 해 볼게.

Oh, you beat me! Nice one!
어머, 네가 나를 이겼잖아! 잘했네!

Haha, I beat you, Mommy!
하하, 제가 이겼어요, 엄마!

You did! Well done.
그러네! 잘했어.

I'll try again next time.
엄마는 다음에 다시 해 볼게.

🎴 오늘의 구문

I'll try ~ next time 다음에는 ~ 해 볼게
✔ I'll try better next time. 다음에는 더 잘 해 볼게.
✔ I'll try to beat you next time. 다음에는 널 이겨 볼게.

🎴 오늘의 단어

beat 이기다

🎴 오늘의 포인트

게임이나 경기에서 이겼을 때는 보통 "I won."이라고 하지만 "내가 너를 이겼어."라고 할 때는 "I won."이 아닌 "I beat you."라고 해요.

WEEK 35

엄마 아빠와의 시간이 행복이라고 느끼게 해주세요.

That's very kind of you.

넌 정말 친절하구나.

 Sia forgot her snack today.

시아가 오늘 간식을 깜빡했어요.

 So what happened?

그래서 어떻게 됐어?

 So I gave her half of mine.

그래서 제 것을 반 나눠 줬어요.

 That's very kind of you.

넌 정말 친절하구나.

🍀 오늘의 구문

that's very ~ of you 넌 정말 ~하구나
- ✔ That's very thoughtful of you. 넌 정말 생각이 깊구나.
- ✔ That's very sweet of you. 넌 정말 다정하구나.

🍀 오늘의 단어

kind 친절한

🍀 오늘의 포인트

'that's very ~ of you'는 칭찬할 때 정말 많이 쓰는 패턴이에요. smart(똑똑한), brave(용감한) 등 다양한 형용사를 이용해 칭찬에 활용해 보세요.

Do you remember the color?

그 색깔 기억하니?

 Is that where we bought Grandma's scarf?

저기서 할머니 스카프 산 거죠?

 Yeah, it is. Wow. Good memory!

그래 맞아. 와. 기억력 좋네!

Do you remember the color?

그 색깔 기억하니?

 I know! Pink!

알죠! 분홍색이요!

 오늘의 구문

do you remember ~? ~를 기억하니?

✔ Do you remember the name of the animal? 그 동물 이름을 기억해?

✔ Do you remember your shoes size? 네 신발 사이즈 기억해?

오늘의 단어

scarf 스카프

오늘의 포인트

'memory'는 '기억력'을 의미할 때는 단수로만 쓰지만, 추억이나 기억을 의미할 때는 복수로도 쓸 수 있어요.

Let's go for a walk!

산책하러 나가자!

It's so nice outside.

밖에 (날씨가) 정말 좋네.

Let's go for a walk!

산책하러 나가자!

Okay. Can I wear this?

좋아요. 이거 입어도 돼요?

Sure.

그럼.

✪ 오늘의 구문

let's go for ~ ~를 하러 가자
✔ Let's go for a run. 달리기하러 가자.
✔ Let's go for a bike ride. 자전거 타러 가자.

✪ 오늘의 단어

walk 걷다, 걷기

✪ 오늘의 포인트

"Let's go for a walk!"에서 'for' 대신 'on'을 사용해 "Let's go on a walk!"라고도 할 수 있어요.
단, 'on'을 사용하면 계획된 경로가 있는 산책을 의미해요.

You've made it so far.

네가 지금까지 해냈잖아.

I don't want to play the violin anymore.

더 이상 바이올린을 연주하고 싶지 않아요.

Everything is hard in the beginning.

뭐든 처음엔 어렵단다.

But you've made it so far.

하지만 네가 지금까지 해냈잖아.

Give yourself another chance.

너 스스로에게 기회를 한 번 더 줘 봐.

오늘의 구문

you have made it 네가 해냈어
✔ You have made it this far. 네가 여기까지 해냈어.
✔ You have made it a whole week. 네가 일주일 내내 해냈어.

오늘의 단어

chance 기회

오늘의 포인트

아이의 빠른 포기를 수용해 주다 보면 아이 스스로 어려움을 극복하는 힘을 기를 수 없을 거예요. 힘을 북돋아 줄 때, 오늘의 표현을 활용해 보세요.

WEEK

19

누구에게나 위로가 필요한 순간이 있어요.

Give me a high five!

하이파이브 해 줘!

 See if you can knock down those pins.

네가 그 핀들을 넘어뜨릴 수 있는지 보자.

 Okay.

알겠어요.

 Awesome! You did it!

굉장해! 네가 해냈어!

 Give me a high five!

하이파이브 해 줘!

 오늘의 구문

give me a ~ ~를 해 줘
✔ Give me a big hug. 꼭 안아 줘.
✔ Give me a kiss on the cheek. 볼에 뽀뽀해 줘.

 오늘의 단어

knock down 넘어뜨리다

 오늘의 포인트

'high five'는 동사와 명사 모두로 활용할 수 있어요.

I'll put your tumbler in here.

텀블러는 여기에 넣어 줄게.

 I'll put your tumbler in here.

텀블러는 여기에 넣어 줄게.

 Okay.

알았어요.

 And I'll put your hat in here.

그리고 모자는 여기에 넣어 줄게.

 Okay, Mommy.

알겠어요, 엄마.

✵ 오늘의 구문

I'll put ~ ~를 둘게

✔ I'll put the money in here. 돈은 여기에 넣어 줄게.

✔ I'll put your shoes over here. 신발은 이곳에 놓아 줄게.

✵ 오늘의 단어

tumbler 텀블러

✵ 오늘의 포인트

텀블러 브랜드인 'thermos' 또는 'thermos bottle'은 워낙 인기가 있어서 사전에 등재될 정도로 텀블러의 대표 명사가 됐어요.

Treat others with kindness.
다른 사람들을 친절하게 대하렴.

Are you guys leaving her out?

너희 저 아이 따돌리는 거야?

Well... Kind of?

음······. 조금이요?

Treat others with kindness.

다른 사람들을 친절하게 대하렴.

Okay... I'll ask her to play with us.

알겠어요······. 그 아이에게 우리랑 같이 놀 건지 물어볼게요.

🔹 **오늘의 구문**

treat others ~ 다른 사람들을 ~로 대하렴

✓ Treat others with respect. 다른 사람들을 존중하는 마음으로 대하렴.
✓ Treat others with empathy. 다른 사람들의 마음을 읽으며 대하렴.

🔹 **오늘의 단어**

leave out
빼다, 따돌리다

🔹 **오늘의 포인트**

오늘의 표현은 영미권 부모들에게도 'the Golden Rule(황금 규칙)'이라
고 불릴 만큼 기본적이고 중요한 도덕 원칙이에요.

You can have it after your meal.
식사 후에 먹을 수 있어.

My friend gave me this muffin.

친구가 이 머핀을 줬어요.

Can I eat it now?

지금 먹어도 돼요?

You can have it after your meal.

식사 후에 먹을 수 있어.

Go wash your hands.

손 씻고 와.

🔹 오늘의 구문

you can have A after B B한 뒤에 A를 먹을 수 있어
✔ You can have that after lunch. 점심 식사 후에 그걸 먹을 수 있어.
✔ You can have cookies after dinner. 저녁 식사 후에 쿠키를 먹을 수 있어.

🔹 오늘의 단어

meal 식사

🔹 오늘의 포인트

식사를 충분히 한 뒤에 단 걸 먹으면 공복 상태에서 먹었을 때보다 혈당이 덜 높아진다고 해요. 어릴 때 식습관이 형성되는 만큼 잘 관리해 주세요.

It's out of battery.

배터리가 다 됐어.

 Mommy, my laptop isn't turning on.
엄마, 제 노트북이 안 켜져요.

 You need to charge it.
충전을 해야겠네.

 It's out of battery.
배터리가 다 됐어.

 Where's the charger?
충전기는 어디 있어요?

 오늘의 구문

it's out of ~ ~를 다 쓰다
- It's out of power. 전력을 다 썼어.
- It's out of fuel. 연료를 다 썼어.

 오늘의 단어

laptop 노트북

오늘의 포인트

전자기기가 방전됐다고 할 때 'dead'를 쓰기도 해요. 'my phone is dead'는 고장난 게 아니라 방전돼 사용할 수 없다는 뜻이에요.

What did you eat for lunch?

점심으로 뭐 먹었어?

 My tummy hurts.

배가 아파요.

 You have a stomachache?

배가 아프다고?

 Yes, a little.

네, 조금요.

 What did you eat for lunch?

점심으로 뭐 먹었어?

🔧 오늘의 구문

what did you eat for ~? ~로 뭐 먹었어?

✔ What did you eat for a snack? 간식으로 뭐 먹었어?

✔ What did you eat for dinner? 저녁 뭐 먹었어?

🔧 오늘의 단어

hurt 아프다

🔧 오늘의 포인트

전치사 'for'는 'breakfast(아침)', 'lunch(점심)', 'dinner(저녁)' 앞에 올 수 있어요. 'for lunch'는 '점심 식사로'라는 의미가 돼요.

I noticed your room is still messy.

네 방이 아직도 지저분한 걸 봤어.

I noticed your room is still messy.

네 방이 아직도 지저분한 걸 봤어.

I'm not done playing with my toys.

아직 장난감을 가지고 노는 중이에요.

How much longer are you going to play?

얼마나 더 오래 가지고 놀 건데?

Just a bit more.

조금만 더요.

🔲 오늘의 구문

I noticed ~ ~를 알아차리다

✔ I noticed you haven't read today. 네가 오늘 책을 읽지 않은 걸 알았어.

✔ I noticed your blocks are not put away. 네 블록이 치워지지 않은 걸 알았어.

🔲 오늘의 단어

bit 조금, 약간

🔲 오늘의 포인트

'how long'은 사물의 길이와 시간을 물을 때 사용할 수 있어요.

What are you guys arguing about?

너희 무엇 때문에 다투는 거야?

 I'm going to tell Mommy!

엄마한테 말할 거야!

 Whatever! I don't care.

그러든지! 상관없어.

 What are you guys arguing about?

너희 무엇 때문에 다투는 거야?

 Come, let's sit down.

이리 와, 여기 앉아 보렴.

 오늘의 구문

what are you ~ about? 무엇 때문에 ~하는 거야?

✔ What are you crying about? 무엇 때문에 우는 거야?

✔ What are you complaining about? 무엇 때문에 불만인 거야?

오늘의 단어

tell 말하다, 이르다

오늘의 포인트

"Whatever!"는 영미권 청소년들이 흔히 사용하는 은어예요. '네가 뭐라고 하든 상관없다!'라는 의미인데 무례한 표현이라 만약 아이가 사용한다면 주의를 줄 필요가 있어요.

Enjoy your meal!

맛있게 먹어!

Breakfast is ready!

아침 식사가 준비됐어!

Thank you, Mommy.

고마워요, 엄마.

You're welcome.

천만에.

Enjoy your meal!

맛있게 먹어!

✖ 오늘의 구문

enjoy your ~ ~를 즐겨
- ✔ Enjoy your breakfast. 아침 맛있게 먹어.
- ✔ Enjoy your playdate. 즐거운 놀이 시간 보내.

✖ 오늘의 단어

you're welcome 천만에

✖ 오늘의 포인트

즐기는 대상이 무엇인지 정확히 콕 집지 않더라도, "Enjoy!"라고 할 수 있어요. 여기에 대해 대답할 때는 똑같이 "Enjoy!" 또는 "Thank you."라고 말해도 좋아요.

Do you get it?

이해했어?

So, you have to get five in a row.

그래서 다섯 개를 연속으로 놓아야 해.

Okay.

알겠어요.

It can be horizontal, vertical, or diagonal.

가로, 세로 혹은 대각선으로 할 수 있어.

Do you get it?

이해했어?

🔹 **오늘의 구문**

do you get ~? ~를 이해했어?
✔ Do you get the game? 게임을 이해했어?
✔ Do you get the rules? 규칙을 이해했어?

🔹 **오늘의 단어**

in a row 연속으로

🔹 **오늘의 포인트**

'get'은 다양한 의미를 갖고 있어서 영어에서 정말 많이 쓰여요. 오늘의 문장 "Do you get it?"에서는 '이해하다'의 의미로 사용됐죠.

WEEK 34

아이에게 항상 "사랑해."라고 말해 주세요.

I believe in you!
나는 너를 믿어!

 I don't think I'll play well.

연주를 잘할 수 없을 것 같아요.

 I'm really nervous.

너무 떨려요.

 You've worked so hard.

열심히 노력해 왔잖아.

 I believe in you!

나는 너를 믿어!

🔲 **오늘의 구문**

I believe in ~ 나는 ~를 믿는다
✔ I believe in you guys. 나는 너희를 믿어.
✔ I believe in working hard. 나는 열심히 노력하는 것을 믿어.

🔲 **오늘의 단어**

work 일하다

🔲 **오늘의 포인트**

'believe'는 어떤 사람의 말과 행동 등이 사실일 거라는 믿음을, 'believe in'은 깊은 신뢰를 의미해요.

Can you guess?

맞혀 볼래?

You have a playdate with a friend later!

나중에 친구랑 같이 놀기로 했어!

Yay! With who(m)?

신난다! 누구랑요?

Can you guess?

맞혀 볼래?

Hm... Is it with Dayeon?

흠……. 다연이랑요?

❖ 오늘의 구문

can you guess ~? ~를 맞혀 볼래?

✔ Can you guess who's coming? 누가 오는지 맞혀 볼래?

✔ Can you guess where we're going? 우리가 어디 가는지 맞혀 볼래?

❖ 오늘의 단어

playdate
(부모가 잡는 자녀들의)
놀이 약속

❖ 오늘의 포인트

어린아이들이 놀 때는 'play'나 'have a playdate'란 표현이 적절하지만 아이가 자라 청소년이 되면 'hang out(어울리다)'이란 표현을 많이 사용해요.

Do you want to stretch with me?

나랑 같이 스트레칭 할래?

 Do you want to stretch with me?

나랑 같이 스트레칭 할래?

 Okay!

좋아요!

 Can you get the yoga mats?

요가 매트 좀 가져다줄래?

 I'll play some music.

엄마는 음악을 좀 켤게.

 오늘의 구문

do you want to ~ with me? 나랑 같이 ~할래?
✔ Do you want to relax with me? 나랑 같이 쉴래?
✔ Do you want to go outside? 나랑 같이 밖에 갈래?

 오늘의 단어

yoga mat 요가 매트

오늘의 포인트

아이와 함께 스트레칭을 하면 운동도 되지만 아이와의 자연스러운 스킨십으로 친밀감을 높일 수 있을 거예요.

I'm going to miss you!

네가 보고 싶을 거야!

 Bye, Mommy!

다녀올게요, 엄마!

 Bye, sweetheart.

잘 가, 얘야.

 I'm going to miss you!

네가 보고 싶을 거야!

 I'm going to miss you, too!

나도 엄마가 보고 싶을 거예요!

✛ 오늘의 구문

I'm going to ~ 나는 ~할 것이다
✔ I'm going to think of you. 나는 너를 생각할 거야.
✔ I'm going to give you a big hug. 나는 너를 꼭 안아 줄 거야.

✛ 오늘의 단어

miss 그리워하다

✛ 오늘의 포인트

등원하는 아이를 꼭 안아 주며 이렇게 말해 보세요. 집에서 자신을 기다리는 든든한 누군가가 있다는 생각에 아이가 더 씩씩한 하루를 보낼 수 있을 거예요.

WEEK 20

중요한 건 결과가 아니라 과정이에요.

What rhymes with 'cake'?

'cake'와 운율이 같은 건 무엇일까?

 Let's play a game while we wait.

기다리는 동안 게임을 하자.

 What rhymes with 'cake'?

'cake'와 운율이 같은 건 뭘까?

 Oh, I know, I know! 'Make'!

오, 저 알아요, 알아요! 'make'요!

 Good job!

잘했어!

🌀 **오늘의 구문**

what rhymes with ~? ~와 운율이 같은 건 뭘까?

✔ What rhymes with 'pig'? 'pig'와 운율이 같은 건 뭘까?

✔ What rhymes with 'see'? 'see'와 운율이 같은 건 뭘까?

🌀 **오늘의 단어**

wait 기다리다

🌀 **오늘의 포인트**

영어 단어를 감각적으로 익힐 수 있는 놀이법이에요. 온가족이 함께 모여 재미있게 해 보세요.

You can't sleep in today.

오늘은 늦잠을 잘 수 없어.

I'm so tired!

너무 피곤해요!

I don't want to wake up right now.

지금 일어나고 싶지 않아요.

You can't sleep in today.

오늘은 늦잠을 잘 수 없어.

You need to get up now.

지금 일어나야 해.

✿ 오늘의 구문

you can't ~ ~할 수 없어

✔ You can't eat that. 저건 먹을 수 없어.

✔ You cannot hurt other kids. 다른 아이들을 다치게 하면 안 돼.

✿ 오늘의 단어

sleep in 늦잠을 자다

✿ 오늘의 포인트

아이들에게 할 수 없거나 하면 안 되는 일들을 알려 줄 때 강하고 단호한 어조로 말하고 싶다면 'you can't'보다 'you cannot~'을 사용해요.

Do you need some time alone?

혼자 있는 시간이 좀 필요하니?

 What's wrong?

무슨 일이야?

 I don't want to talk about it.

얘기하고 싶지 않아요.

 Do you need some time alone?

혼자 있는 시간이 좀 필요하니?

 I'll be here when you want to talk.

네가 말할 준비가 되면, 엄마는 여기 있을게.

 오늘의 구문

do you need time ~? ~할 시간이 필요해?

✔ Do you need some time by yourself? 혼자만의 시간이 좀 필요하니?

✔ Do you need some time to think? 생각할 시간이 좀 필요하니?

 오늘의 단어

alone 혼자

 오늘의 포인트

아이에게도 때로는 혼자만의 시간이 필요해요. 같은 표현으로 'I need some space(혼자 있고 싶어)'도 있어요.

Flip your socks right-side out!
양말을 똑바로 뒤집어 놔!

Hey, hey, hey!
여기, 여기, 여기!

Flip your socks right-side out!
양말을 똑바로 뒤집어 놔야지!

Do I have to?
꼭 그래야 해요?

Yes. Take them off like this.
그럼. 이렇게 벗어 놔.

⊞ 오늘의 구문

flip ~ right-side out ~를 똑바로 뒤집어 놔
✔ Flip your shirt right-side out. 티셔츠를 똑바로 뒤집어 놔.
✔ Flip your pants right-side out. 바지를 똑바로 뒤집어 놔.

⊞ 오늘의 단어

socks 양말

⊞ 오늘의 포인트

'right-side out'의 반대는 'inside out(안이 보이게 뒤집어져 있는)'이에요. 간혹 옷을 뒤집어서 세탁해야 하는 경우에는 'inside out'이라고 표현하기도 해요.

What did you do today?

오늘 뭐 했어?

 I'm so tired!

너무 피곤해요!

 Why? What did you do today?

왜? 오늘 뭐 했어?

 We played dodgeball in gym.

체육 시간에 피구를 했어요.

 Nice!

좋았겠네!

 오늘의 구문

what did you do ~? ~ 뭐 했어?

✔ What did you do at recess? 쉬는 시간에 뭐 했어?

✔ What did you do with your friend? 친구랑 뭐 했어?

 오늘의 단어

gym (class) 체육 수업

 오늘의 포인트

영미권에서는 체육 수업을 'gym', 'gym class', 'Phys. Ed.' 또는 'PE'라고 해요. 'PE'는 'physical education'을 의미해요.

Are you ready for bed?

잘 준비 됐니?

 Are you ready for bed?

잘 준비 됐니?

 I showered and brushed my teeth.

샤워하고 양치도 했어요.

 Awesome!

대단한데!

 I did a good job, right?

저 잘했죠, 그렇죠?

 오늘의 구문

are you ready for ~? ~할 준비 됐니?
✔ Are you ready for dinner? 저녁 먹을 준비 됐니?
✔ Are you ready for school? 학교 갈 준비 됐니?

 오늘의 단어

good job 잘했어

오늘의 포인트

'are you ready ~?' 패턴을 쓸 때는 두 가지만 기억해 주세요. 'are you ready for 명사?', 'are you ready to 동사?'라는 사실이요.

Remember to flush.

물 내리는 거 기억해.

 **Dinner's ready!**

저녁 준비됐어!

Wait, Mommy. I have to pee first!

잠깐만요, 엄마. 저 먼저 쉬하고 올게요!

Remember to flush.

물 내리는 거 기억해.

Okay! Okay!

네! 알겠어요!

🔖 오늘의 구문	🔖 오늘의 단어	🔖 오늘의 포인트
remember to ~ ~하는 거 기억해 ✔ Remember to charge it. 충전하는 거 기억해. ✔ Remember to turn off the tap. 수도꼭지 잠그는 거 기억해.	**flush** (변기의) 물을 내리다	어느새 기저귀를 떼고 혼자서도 화장실을 제법 익숙하게 이용하고 있는 아이에게 화장실 사용 예절을 알려 주는 것도 잊지 마세요!

Listen to your body.

네 몸에 귀를 기울여 봐.

 **Grandma keeps telling me to eat more!**

할머니가 계속 더 먹으라고 하세요!

 **You can politely say, "No, I'm okay."**

"아니요, 전 괜찮아요."라고 말해 보렴.

 Listen to your body.

네 몸에 귀를 기울여 봐.

You don't have to eat if you're full.

배가 부르면 먹지 않아도 괜찮아.

❖ **오늘의 구문**

listen to ~ ~에 귀를 기울여 봐
- ✔ Listen to your teacher. 선생님 말씀에 귀를 기울여 봐.
- ✔ Listen to your inner voice. 네 내면의 소리에 귀를 기울여 봐.

❖ **오늘의 단어**

politely 공손하게

❖ **오늘의 포인트**

먹기 싫다는 아이에게 억지로 계속 먹으라고 하면 아이가 자신의 몸의 소리에 귀 기울이기 어려워질 수 있어요.

Take this umbrella, just in case.

혹시 모르니 이 우산 가져가.

 It's cloudy today.

오늘 날씨가 흐려요.

 Yes, and it looks like it might rain.

응, 그리고 비가 올 것처럼 보이네.

 Take this umbrella, just in case.

혹시 모르니 이 우산 가져가.

 Don't lose it.

잃어버리지 마.

오늘의 구문

take ~, just in case 혹시 모르니 ~ 가져가
- Take this snack, just in case. 혹시 모르니 이 간식 가져가.
- Take a hoodie, just in case. 혹시 모르니 후드티 가져가.

오늘의 단어

umbrella 우산

오늘의 포인트

서로 상황을 알고 있는 상태에서는 부연 설명 없이 'just in case'라고만 말해도 돼요.

Call me if you need me.

필요하면 불러.

I'm going to the top of the jungle gym.

정글짐 꼭대기까지 올라갈 거예요.

Can you go up on your own?

혼자서 올라갈 수 있어?

Yes!

네!

Call me if you need me.

엄마가 필요하면 불러.

🍀 오늘의 구문

call me if you ~ ~하면 불러

✔ Call me if you have problems. 문제가 있으면 불러.

✔ Call me if you don't understand something. 뭔가 이해가 안 되면 불러.

🍀 오늘의 단어

go up 올라가다

🍀 오늘의 포인트

의외로 아이들은 스스로 하고 싶어 하는 것들이 많아요. 하지만 필요하면 언제든 엄마, 아빠가 곁에서 도와줄 수 있다는 걸 알려 주세요.

WEEK
33

아이는 몸도 마음도 매일 한 뼘씩 더 자라고 있어요.

Don't stop trying.

노력을 멈추지 마.

 I can never draw this properly.

전 정말 제대로 못 그리겠어요.

 Some things take time.

시간이 걸리는 것들도 있어.

 You've improved a lot already.

넌 벌써 많이 늘었는걸.

 So, don't stop trying.

그러니, 노력을 멈추지 마.

🎈 오늘의 구문

don't stop -ing ~하는 걸 멈추지 마
- ✔ Don't stop dreaming. 꿈꾸는 걸 멈추지 마.
- ✔ Don't stop caring for others. 남을 배려하는 걸 멈추지 마.

🎈 오늘의 단어

improve 개선되다, 나아지다

🎈 오늘의 포인트

아이뿐 아니라 어른도 어려움에 부딪히면 포기하고 싶은 마음이 들 때가 있어요. 하지만 노력을 멈추지 마세요. 좋은 날이 올 거에요.

Are you done playing with these?

이것들은 다 가지고 놀았어?

 Are you done playing with these?

이것들은 다 가지고 놀았어?

Yes.

네.

Then you need to clean them up.

그럼 정리해야지.

Please put them back in the bin.

그것들을 다시 정리함에 넣어 줘.

 오늘의 구문

are you done ~ing? 다 ~했어?

✓ Are you done playing with the Lego? 레고 다 가지고 놀았어?

✓ Are you done reading these books? 이 책들 다 읽었어?

오늘의 단어

bin (저장용) 통

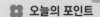 **오늘의 포인트**

아이들은 노는 게 쉬는 것일 때가 많지요. 놀이의 끝은 정리인 만큼 장난감을 가지고 놀았다면 스스로 정리까지 할 수 있도록 말해 주세요.

How do you know that?

그걸 어떻게 알까?

 It's hot today, right?

오늘 더워요, 그렇죠?

 How do you know that?

그걸 어떻게 알까?

 I'll open the window to check.

제가 창문을 열어서 확인할게요.

 Oh, it's chilly.

앗, 쌀쌀해요.

🧩 **오늘의 구문**

how do you know ~? ~를 어떻게 알까?

✔ How do you know the truth? 그 사실을 어떻게 알까?
✔ How do you know the answer? 그 답을 어떻게 알까?

🧩 **오늘의 단어**

check 확인하다

🧩 **오늘의 포인트**

오늘의 문장은 아이 스스로 해결책을 생각하도록 유도할 때 활용할 수 있어요.

You make me smile.

너는 나를 미소 짓게 해.

 Look at my dance, Mommy!

제 춤을 보세요, 엄마!

 I love your silly moves!

네 장난스러운 동작들 정말 좋아!

 You make me smile with your silliness.

너의 재치로 나를 미소 짓게 해.

 Come dance with me, Mommy!

와서 저랑 같이 춤춰요, 엄마!

❋ 오늘의 구문

you make me ~ 너는 나를 ~하게 해

✔ You make me so happy. 너는 나를 정말 행복하게 해.

✔ You make me laugh all the time. 너는 나를 항상 웃게 해.

❋ 오늘의 단어

silly 장난, 어리석은

❋ 오늘의 포인트

귀여운 아이가 보여 주는 개인기에 하루의 고단함과 피로가 눈 녹듯 사라져요.

WEEK

21

너무 조급해할 필요는 없어요.

Do you want me to push you?

내가 밀어 줄까?

play

DAY
222

 I want to go on the swing.

그네를 타고 싶어요.

 Sure. Do you want me to push you?

그래. 내가 밀어 줄까?

 Yes, please.

네, 좋아요.

 Okay, hold on.

좋아, 잘 잡아.

🍀 **오늘의 구문**

do you want me to ~? 내가 ~해 줄까?

✔ Do you want me to catch you? 내가 잡아 줄까?

✔ Do you want me to teach you how? 내가 어떻게 하는지 가르쳐 줄까?

🍀 **오늘의 단어**

swing 그네

🍀 **오늘의 포인트**

놀이터에서 탈 것을 표현할 때는 보통 동사 'go on ~'과 함께 사용해요. 대표적인 예로는 'go on the swing(그네를 타다)', 'go on the seesaw(시소를 타다)'가 있어요.

But first, drink some water.

하지만 먼저 물을 좀 마시렴.

 Good morning, angel!

좋은 아침이야, 얘야!

 I'm so hungry!

배가 너무 고파요!

 Can you make me something to eat?

먹을 거 만들어 줄 수 있어요?

 Of course. But first, drink some water.

물론이지. 하지만 먼저 물을 좀 마시렴.

🔹 오늘의 구문

but first 하지만 먼저
- ✔ But first, tie your shoelaces. 하지만 먼저 신발 끈을 묶어.
- ✔ But first, zip up your coat. 하지만 먼저 코트 지퍼를 올려.

🔹 오늘의 단어

drink 마시다

🔹 오늘의 포인트

다른 일을 하기에 앞서 먼저 해야 할 일이 있을 때는 문장 앞에 'but first'를 붙여 주세요. 한국어는 끝까지 들어봐야 한다지만 영어는 중요한 내용이 가장 앞에 나오는 경우가 많아요.

Why don't you give it a try?

한번 시도해 보지 그래?

 I'll shuffle the cards.

내가 카드를 섞을게.

 Wow, you're so fast, Mommy!

와, 진짜 빠르네요, 엄마!

 If you practice, you can be fast, too!

너도 연습하면 빨리 할 수 있어.

 Why don't you give it a try?

한번 시도해 보지 그래?

 오늘의 구문

why don't you ~? ~하는 거 어때?

✔ Why don't you tell me the truth? 솔직히 말해 보는 거 어때?

✔ Why don't you wear your rain boots? 장화를 신는 거 어때?

 오늘의 단어

fast 빠른

 오늘의 포인트

아이가 아직 한 번도 해 본 적 없는 일을 처음으로 시도할 때 가볍게 권유하는 말로 활용할 수 있는 패턴이에요.

You can hurt someone.

누군가를 다치게 할 수 있어.

DAY

142

etiquette

 Look what I can do!

제가 뭘 할 수 있는지 보세요!

 Stop swinging that.

그거 그만 휘둘러 줄래.

 Oh, okay...

아, 알겠어요…….

 You can hurt someone.

누군가를 다치게 할 수 있어.

 오늘의 구문

you can hurt ~ ~를 다치게 할 수 있다
✔ You can hurt your friend. 네 친구를 다치게 할 수 있어.
✔ You can hurt the kitty. 그 고양이를 다치게 할 수 있어.

오늘의 단어

someone 누군가

오늘의 포인트

'swing'은 명사로는 '그네', 동사로는 '휘두르다'라는 의미가 있어요. 아이가 무심코 한 행동이 어떤 결과를 가져올 수 있는지 알려 주면 행동을 교정할 수 있을 거예요.

Can you wait until I'm done?

내가 끝날 때까지 기다려 줄래?

Mommy, can you please play with me?

엄마, 저랑 놀아 주시면 안 돼요?

I need to vacuum the living room.

엄마는 거실에 청소기를 돌려야 해.

Can you wait until I'm done?

내가 끝날 때까지 기다려 줄래?

Okay...

알았어요…….

🔧 오늘의 구문

can you wait until ~? ~할 때까지 기다려 줄래?

✓ Can you wait until five o'clock? 다섯 시까지 기다려 줄래?

✓ Can you wait until we finish dinner? 저녁 식사가 끝날 때까지 기다려 줄래?

🔧 오늘의 단어

vacuum
진공청소기로 청소하다

🔧 오늘의 포인트

'vacuum'은 명사로는 '진공'의 뜻을 지니지만, 동사로 쓰이면 '진공청소기로 청소하다'라는 의미가 있어요.

Roll up your sleeves first!

먼저 소매를 걷어 올리렴!

 Wash your hands, please.

손을 씻으렴.

 Okay. I'll be right back.

네. 금방 올게요.

 Roll up your sleeves first!

먼저 소매를 걷어 올리렴!

 Got it.

그럴게요.

 오늘의 구문

roll up ~ ~를 걷어 올리렴
- ✓ Roll up your pants. 바지를 걷어 올리렴.
- ✓ Roll up the cuffs on your dress shirt. 셔츠 소매를 걷어 올리렴.

오늘의 단어

sleeve 소매

오늘의 포인트

아이가 집에 오면 가장 먼저 손을 씻는 습관을 들여 주세요. 그것만으로도 면역력을 크게 높일 수 있어요.

Take your plate to the sink.

네 접시를 싱크대로 가져다 두렴.

 I'm all done! Can I play now?

다 먹었어요! 이제 놀아도 돼요?

 Not yet. Take your plate to the sink.

아직 아니야. 네 접시를 싱크대로 가져다 두렴.

 Okay.

알겠어요.

 Hold it with both hands. Be careful.

접시를 양손으로 들어. 조심하렴.

 오늘의 구문

take A to B A를 B로 가져가

✔ Take your bag to your room. 네 가방을 방으로 가져가렴.
✔ Take your cup to the kitchen. 네 컵을 주방으로 가져가렴.

오늘의 단어

sink 싱크대, 세면대

오늘의 포인트

밥을 먹은 후에 자신의 식기 정도는 직접 정리하는 습관을 갖게 해 주세요.

Every family is different.

모든 가족은 다 달라.

 **I want to watch that superhero movie!**

저 그 슈퍼 히어로 영화를 보고 싶어요!

All my friends watched it already.

제 친구들은 이미 다 봤어요.

You can watch it when you're twelve.

네가 열두 살이 되면 볼 수 있어.

Every family is different.

모든 가족은 다 달라.

🔹 **오늘의 구문**

every ~ is different 모든 ~는 다르다
✔ Every person is different. 모든 사람은 다르다.
✔ Every culture is different. 모든 문화는 다르다.

🔹 **오늘의 단어**

superhero 슈퍼 히어로

🔹 **오늘의 포인트**

우리 집에서의 규칙이 있다면 명확하게 알려 주고 지킬 수 있게 해 주세요.

I think you should make your bed.

내 생각엔 네가 너의 침대를 정리해야 할 것 같아.

 Look, Mom. I'm all ready!

보세요, 엄마. 준비 다 됐어요!

 Wow, great job!

와, 잘했네!

 I think you should make your bed.

내 생각엔 네가 너의 침대를 정리해야 할 것 같아.

 Okay! I can do it all by myself!

좋아요! 제가 혼자 다할 수 있어요!

🎲 오늘의 구문

I think you should ~ 내 생각엔 네가 ~해야 할 것 같아
✔ I think you should do it by yourself. 내 생각엔 네가 스스로 그 일을 해야 할 것 같아.
✔ I think you should ask your teacher first. 내 생각엔 먼저 선생님께 여쭤 봐야 할 것 같아.

🎲 오늘의 단어

make (one's) bed
(누구의) 침대를 정리하다

🎲 오늘의 포인트

'why don't you ~?', 'how about ~?', 'I think you should ~'를 사용하면 아이들에게 무언가를 하자고 부드럽게 제안할 수 있어요.

Ask your friend first.

네 친구에게 먼저 물어봐.

Look! He has a rocket launcher!

봐요! 쟤가 로켓 발사기를 갖고 있어요!

Very cool.

멋지다.

I want to try it, too.

저도 해 보고 싶어요.

Ask your friend first.

네 친구에게 먼저 물어봐.

⚡ 오늘의 구문

ask ~ first ~에게 먼저 물어봐

✔ Ask her parents first! 그녀의 부모님께 먼저 물어봐!

✔ Ask the boy first if it's okay! 그 아이에게 괜찮은지 먼저 물어봐!

⚡ 오늘의 단어

rocket launcher
로켓 발사대

⚡ 오늘의 포인트

'cool'은 사람과 사물 모두에 쓰여요. 사람에는 매력적이고 차분한 혹은 이성적이거나 패션 감각이 뛰어나다는 의미로, 사물에는 흥미롭거나 멋지다는 의미로 사용돼요.

WEEK
32

아이가 실수를 두려워하지 않게 응원해 주세요.

You're a fantastic helper!

너는 환상적인 도우미야!

 Can you help me stir this?

이거 젓는 거 좀 도와줄래?

 Yes! Like this?

네! 이렇게요?

 Yeah, just like that!

그래, 그렇게!

 Wow, you're a fantastic helper!

와, 너는 환상적인 도우미야!

🎯 오늘의 구문

you're a ~ 너는 ~야
- ✔ You're a great cook. 너는 훌륭한 요리사야.
- ✔ You're an awesome artist. 너는 멋진 예술가야.

🎯 오늘의 단어

stir 젓다

🎯 오늘의 포인트

무언가를 잘한다고 칭찬할 때, 영어에서는 'you're a ~' 패턴을 많이 사용해요. 예를 들면, "You swim well(너는 수영을 잘해)." 대신 "You're a good swimmer."라고 하죠.

Be careful.
조심해.

 May I go on the trampoline?

트램펄린 타러 가도 돼요?

 Of course.

물론이지.

 Yay, thank you!

이야, 고마워요!

 Have fun and be careful.

재미있게 놀고 조심해.

 오늘의 구문

be careful ~ ~를 조심해

✔ Be careful not to fall. 넘어지지 않도록 조심해.

✔ Be careful you don't bump into others. 다른 사람들과 부딪히지 않도록 조심해.

오늘의 단어

trampoline
트램펄린

 오늘의 포인트

'tr+모음'으로 시작하는 단어는 발음에 주의해야 해요. 대개 [chr]+모음으로 발음되죠. 'trampoline' 역시 [chram-po-leen(ㅊr앰펄린)]이라고 발음해요.

Do you need a band-aid?

반창고가 필요하니?

 Are you hurt?

다쳤어?

 I got a paper cut! It stings!

종이에 베였어요! 따끔거려요!

 Oh no... Are you bleeding?

아이고 저런……. 피가 나니?

 Do you need a band-aid?

반창고가 필요하니?

 오늘의 구문

do you need ~? ~가 필요하니?
- Do you need some ice? 얼음이 필요하니?
- Do you need an extra pillow? 여분의 베개가 하나 더 필요하니?

오늘의 단어

sting 따끔거리다

 오늘의 포인트

한국에서 '대일밴드'가 반창고의 대명사로 쓰이듯 영미권에서는 'band-aid'라는 브랜드를 'adhesive bandage(반창고)' 대신으로 흔히 사용해요.

You're the best sister!

너는 최고의 누나야!

What are you guys doing?

너희 뭐 하고 있어?

I'm building blocks with Jin-gyu.

진규랑 블록놀이를 하고 있어요.

You're the best sister!

너는 최고의 누나야!

Your brother is so lucky.

네 동생은 정말 운이 좋구나.

❖ 오늘의 구문

you're the best ~ 너는 최고의 ~다
✔ You're the best son. 너는 최고의 아들이야.
✔ You're the best daughter. 너는 최고의 딸이야.

❖ 오늘의 단어

lucky 운이 좋은, 행운의

❖ 오늘의 포인트

아이에게 형제자매가 있으면 아이 입장에서는 좋은 점도 있지만 싫은 점도 있을 거예요. 각자의 역할을 알려 주고 잘했을 때 칭찬하면 사이좋은 형제자매가 될 수 있어요.

WEEK
22

대화를 녹음해서 발음을 들어 보는 것도 좋아요.

Ready, set, go!

제자리에, 준비, 출발!

 **Hey, do you want to race to that tree?**

얘야, 저 나무까지 달리기 시합할래?

Okay!

좋아요!

Let's start here.

여기서 시작하자.

Ready, set, go!

제자리에, 준비, 출발!

❀ 오늘의 구문

ready ~ 제자리에~

✔ Ready, steady, go! 제자리에, 기다렸다가, 출발!
✔ Ready, aim, fire! 제자리에, 조준하고, 쏘세요!

❀ 오늘의 단어

race 경주하다

❀ 오늘의 포인트

운동 경기마다 출발 신호가 조금씩 달라요. 'ready, set, go'가 가장 흔히 사용되지만, 큰 대회에서는 'on your mark, get set, go'라는 표현이 사용되기도 해요.

What do you feel like eating?

뭐 먹고 싶어?

 I'll make some breakfast.

아침을 만들어 줄게.

 What do you feel like eating?

뭐 먹고 싶어?

 Pancakes!

팬케이크요!

 Okay, pancakes coming right up!

좋아, 팬케이크 바로 만들어 줄게!

⊞ 오늘의 구문

what do you feel like ~? ~하고 싶어?
✔ What do you feel like doing today? 오늘 뭐 하고 싶어?
✔ What do you feel like making? 무엇을 만들고 싶어?

⊞ 오늘의 단어

pancake 팬케이크

⊞ 오늘의 포인트

"What do you want to eat(무엇을 먹고 싶어)?"은 확실한 메뉴를 정해서 대답해야 할 것 같은 뉘앙스가 있고, "What do you feel like eating?"은 일반적인 답을 유도할 수 있어요.

It doesn't have to be perfect.

완벽하지 않아도 돼.

 I hate my drawing!

제 그림이 맘에 안 들어요!

 The ears look weird!

귀가 이상하게 생겼어요!

 It doesn't have to be perfect.

완벽하지 않아도 돼.

 Art isn't about being perfect.

예술은 완벽한 게 아니야.

 오늘의 구문

it doesn't have to ~ ~하지 않아도 돼

✔ It doesn't have to look like mine. 내 것처럼 보이지 않아도 돼.

✔ It doesn't have to be the same. 똑같지 않아도 돼.

 오늘의 단어

weird 이상한

오늘의 포인트

'Done is better than perfect(완벽한 것보다는 완성된 것이 낫다).'라는 속담이 있어요. 완벽주의 성향이 있는 저와 아이들을 위해 항상 상기하는 문장이에요.

Can we try that again?

다시 한번 해 볼까?

 I want more fried rice!

볶음밥 더 먹고 싶어요!

 Can we try that again?

다시 한번 해 볼까?

 Can I please have more fried rice?

볶음밥 더 주실 수 있어요?

 That's better. Yes, hang on.

그게 낫네. 그래, 잠시만.

 오늘의 구문

can we try ~? ~해 볼까?

✔ Can we try saying that again? 그 말을 다시 한번 해 볼까?
✔ Can we try being nicer? 좀 더 친절하게 해 볼까?

 오늘의 단어

fried rice 볶음밥

오늘의 포인트

반복은 언어나 다른 기술을 배우는 데 핵심 요소죠. 아이가 말실수를 했을 때도 다시 한번 해 보도록 기회를 줌으로써 점점 더 나아질 수 있어요.

Just one bite.
한 입만.

 **Try this. It's so good.**

이거 먹어 봐. 정말 맛있어.

I don't want to. It looks yucky.

그러고 싶지 않아요. 맛이 없어 보여요.

Just one bite.

한 입만.

If you don't like it, don't eat more.

싫으면, 더 먹지 않아도 돼.

❖ 오늘의 구문	❖ 오늘의 단어	❖ 오늘의 포인트
just one 하나만 ✔ Just one book. 책 한 권만. ✔ Just one last bite. 마지막 한 입만.	**yucky** (유아어) 맛이 없는	낯선 음식은 잘 먹지 않으려는 아이들이 있죠. 다 먹긴 부담스러워도 한 입 정도는 도전해 볼 수 있지 않을까요? 위험하지 않은 선에서 다양한 걸 접할 수 있게 해 주세요.

Let's call Daddy!

아빠한테 전화해 보자!

 When is Daddy coming home?

아빠는 집에 언제 오세요?

 I'm not sure. Why?

잘 모르겠어. 왜?

 I want to show him my drawing.

아빠께 내 그림을 보여 드리고 싶어서요.

 Let's call Daddy!

아빠한테 전화해 보자!

 오늘의 구문

let's call ~ ~에게 전화해 보자
- Let's call Grandma. 할머니께 전화해 보자.
- Let's call your aunt. 네 이모에게 전화해 보자.

 오늘의 단어

drawing 그림

 오늘의 포인트

'Mom'과 'Dad'를 호칭으로 사용할 때는 첫 글자를 대문자로 써요. 하지만 'my mom(내 엄마)' 처럼 소유격 뒤에 오면서 관계를 나타낼 때는 소문자를 사용하죠.

Let the people come out first.

사람들을 먼저 나오게 하자.

The elevator doors are opening.

엘리베이터 문이 열려요.

Let the people come out first.

사람들을 먼저 나오게 하자.

Okay.

네.

Once they come out, then we go in.

사람들이 다 내리고 나서 우리가 타는 거야.

오늘의 구문

let ~ come out ~를 나오게 하자

✓ Let everyone come out first. 모든 사람들을 먼저 나오게 하자.

✓ Let Daae come out before you go in. 네가 들어가기 전에 다애 먼저 나오게 하자.

오늘의 단어

elevator
엘리베이터

오늘의 포인트

엘리베이터뿐 아니라 지하철이나 기타 등 대중교통을 이용할 때도 적용되는 사회적 예절이에요. 어릴 때부터 잘 익히도록 해 주세요.

You're capable of overcoming it.

너는 극복할 수 있어.

 **I'm bad at math. It's so hard.**

난 수학을 못하겠어요. 너무 어려워요.

I know it's hard.

어렵다는 거 알아.

But you'll figure it out.

하지만 네가 (답을) 찾아내게 될 거야.

You're capable of overcoming it.

너는 극복할 수 있어.

🔹 오늘의 구문

you're capable of ~ 너는 ~할 수 있어

✔ You're capable of writing. 너는 글을 쓸 수 있어.
✔ You're capable of achieving anything. 너는 무엇이든지 이룰 수 있어.

🔹 오늘의 단어

overcome
극복하다

🔹 오늘의 포인트

'capable of', 'able to'는 모두 '어떠한 일을 할 수 있는 기술과 자질을 지닌'이라는 의미예요. 'capable of'는 지금은 못해도 미래에는 할 수 있는 잠재력에 주로 사용해요.

You seem tired.

피곤한 것 같네.

Good morning, my love.

좋은 아침이야, 우리 사랑스러운 아이.

Good morning...

안녕히 주무셨어요······.

You seem tired. Are you okay?

피곤한 것 같네. 괜찮아?

I don't feel well.

기분이 좋지 않아요.

😊 오늘의 구문

you seem ~ 너 ~한 것 같네
- ✔ You seem sleepy. 너 졸린 것 같네.
- ✔ You seem frustrated. 너 답답한 것 같네.

😊 오늘의 단어

tired 피곤한

😊 오늘의 포인트

자녀의 기분이나 몸 상태를 확인할 때 'seem'을 사용하면 단정적으로 말하지 않으면서도 내 의견을 전하고, 상대방이 편하게 자신의 의견을 말할 수 있도록 배려할 수 있어요.

Who wants to play hide and seek?

숨바꼭질하고 싶은 사람?

 Who wants to play hide and seek?

숨바꼭질하고 싶은 사람?

 Me!

저요!

 Awesome. I'll count to ten.

좋았어. 내가 열까지 셀게.

 Don't peek, Mommy!

훔쳐보지 마세요, 엄마!

 오늘의 구문

who wants to ~? ~하고 싶은 사람?
- Who wants to eat ice cream? 아이스크림 먹고 싶은 사람?
- Who wants to play catch? 캐치볼 하고 싶은 사람?

 오늘의 단어

peek 훔쳐보다

오늘의 포인트

숨바꼭질에서 술래는 'it' 또는 'seeker', 나머지 숨는 사람들은 'hiders'라고 해요.

WEEK 31

엄마 아빠의 믿음이 아이에겐 가장 큰 힘이 돼요.

Thank you for thinking of me.

나를 생각해 줘서 고마워.

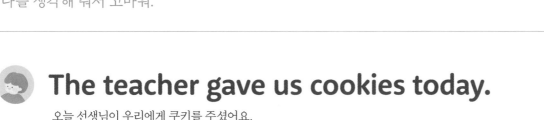

The teacher gave us cookies today.

오늘 선생님이 우리에게 쿠키를 주셨어요.

I got three.

전 세 개를 받았어요.

This one's for you.

이건 엄마 거예요.

Thank you for thinking of me.

엄마를 생각해 줘서 고마워.

❁ 오늘의 구문

thank you for -ing ~해 줘서 고마워
- Thank you for letting me know. 내게 알려 줘서 고마워.
- Thank you for saving me a piece. 내 것도 남겨 줘서 고마워.

❁ 오늘의 단어

teacher 선생님

❁ 오늘의 포인트

'thank you for~' 패턴을 활용하면 고마운 일에 관해 좀 더 구체적으로 무엇이 고마운지 말할 수 있어요.

Just remember that lunch is at 12.

점심 시간이 열두 시라는 것만 기억해.

You're full? You didn't eat much.

배부르니? 많이 먹지 않았는데.

I don't want to eat anymore.

더 먹고 싶지 않아요.

Just remember that lunch is at 12.

점심 시간이 열두 시라는 것만 기억해.

Okay. I'll have a bit more.

알겠어요. 조금 더 먹을게요.

✿ 오늘의 구문

just remember that ~한 것만 기억해

✔ Just remember that we have to go soon. 곧 출발해야 한다는 것만 기억해.
✔ Just remember that I will always love you. 항상 내가 너를 사랑한다는 것만 기억해.

✿ 오늘의 단어

lunch 점심 식사

✿ 오늘의 포인트

'배부르다'를 좀 더 강하게 말하고 싶다면 "I'm stuffed(난 꽉 찼어)."라고 할 수 있어요.

Snuggle time!

꽉 안아 주는 시간이야!

 ## Do you know what time it is?

무슨 시간인지 알아?

 ## No...

아니요…….

 ## Snuggle time!

꽉 안아 주는 시간이야!

 ## Come here, you!

이리 오렴, 애야!

 오늘의 구문

~ time ~하는 시간이야
✔ Hug time! 안아주는 시간이야!
✔ Cuddle time! 포옹 시간이야!

오늘의 단어

snuggle (품으로) 파고들다

오늘의 포인트

세계적인 가족 치료사 버지니아 사티는 "생존을 위해 매일 네 번, 유지를 위해 매일 여덟 번, 성장을 위해 매일 열두 번의 포옹이 필요합니다."라고 했어요.

I love how you helped your friend.

친구를 도와주는 모습이 정말 보기 좋네.

 **Yuna didn't bring her racket.**

유나가 라켓을 안 가져왔어요.

So what happened?

그래서 어떻게 됐어?

We took turns with mine.

제 것으로 번갈아 가며 썼어요.

I love how you helped your friend.

친구를 도와주는 모습이 정말 보기 좋네.

☘ 오늘의 구문

I love how you ~ ~한 모습이 정말 보기 좋네
✔ I love how you take care of your brother. 동생을 돌보는 모습이 정말 보기 좋네.
✔ I love how you're polite to grown-ups. 어른들께 예의 바른 모습이 정말 보기 좋네.

☘ 오늘의 단어

racket 라켓

☘ 오늘의 포인트

영국에서는 'racket'을 'racquet'으로 표기해요. 그리고
"What's all that racket(뭐가 그렇게 시끄러워)?"에서처
럼 시끄럽고 짜증나는 소음의 의미로도 쓰여요.

WEEK 23

야단은 짧게! 칭찬은 길고 자세하게!

It'll be your turn soon.

곧 네 차례가 될 거야.

 Can I go now?

이제 가도 돼요?

 No, not yet.

아니, 아직이야.

 But it'll be your turn soon.

하지만 곧 네 차례가 될 거야.

 Be patient.

인내심을 가지렴.

 오늘의 구문

it'll be your turn ~ ~ 네 차례가 될 거야
✔ It'll be your turn next. 다음은 네 차례야.
✔ It'll be your turn after me. 나 다음에 네 차례야.

 오늘의 단어

patient 참을성 있는

오늘의 포인트

'be quiet(조용히 하렴)', 'be careful(조심히 하렴)'과 같은 'be+형용사' 형태의 명령문은 형용사의 상태를 유지하라는 의미예요.

Don't forget to brush your tongue.

혀 닦는 거 잊지 마.

 It's time to brush your teeth.

양치할 시간이야.

 Okay, Mommy.

네, 엄마.

 Don't forget to brush your tongue, too.

혀도 닦는 거 잊지 마.

 Okie dokie.

알겠어요.

✿ 오늘의 구문

don't forget to ~ ~하는 거 잊지 마
✔ Don't forget to wash your hands. 손 닦는 거 잊지 마.
✔ Don't forget to turn off the lights. 불 끄는 거 잊지 마.

✿ 오늘의 단어

tongue 혀

✿ 오늘의 포인트

아이들에게 해야 할 일을 상기시켜 줘야 할 때가 많아요. 'don't forget to ~' 패턴으로 아이들이 할 일을 간단히 알려 주세요.

It's never okay to lie.

거짓말하면 절대 안 돼.

 Did you really brush your teeth?

정말 양치질했어?

 No I didn't...

아뇨, 안 했어요······.

 I understand you didn't want to do it.

네가 하고 싶지 않았다는 건 이해해.

 But it's never okay to lie.

하지만 거짓말하면 절대 안 돼.

 오늘의 구문

it's never okay to ~ ~하면 절대 안 돼
- It's never okay to steal. 도둑질하면 절대 안 돼.
- It's never okay to hurt others. 다른 사람을 아프게 하면 절대 안 돼.

오늘의 단어

lie 거짓말하다

오늘의 포인트

크건 작건 순간을 모면하기 위해 거짓말하는 아이를 바로잡아 주지 않으면 거짓말은 눈덩이처럼 불어날 거예요.

Take care of your things.

네 물건들을 잘 챙기렴.

I lost my swimming goggles.

제 수경을 잃어버렸어요.

Did you check the lost and found?

분실물함 확인해 봤니?

No, not yet.

아니요, 아직이요.

Please take care of your things.

네 물건들을 잘 챙기렴.

🟦 오늘의 구문

take care of ~ ~를 잘 챙기렴
✔ Take care of your violin. 네 바이올린을 잘 챙기렴.
✔ Take care of your phone. 네 휴대전화를 잘 챙기렴.

🟦 오늘의 단어

lost and found 분실물함

🟦 오늘의 포인트

아이가 물건을 망가뜨리거나 잃어버렸을 때는 너무 빨리 새것으로 사 주지 마세요.
아이들도 주의를 기울이지 않았을 때 일어나는 결과를 배울 필요가 있어요.

We're going to order in.

배달 시켜 먹을 거야.

What's for dinner, Mommy? I'm hungry.

저녁은 뭐예요, 엄마? 배가 고파요.

We're going to order in today.

오늘은 배달 시켜 먹을 거야.

How's fried chicken?

프라이드치킨 어때?

Sounds delicious!

맛있겠네요!

🔷 오늘의 구문

we're going to order ~ ~를 주문할 거야
- ✓ We're going to order pizza. 피자를 주문할 거야.
- ✓ We're going to order dinner. 저녁 식사를 주문할 거야.

🔷 오늘의 단어

delicious 맛있는

🔷 오늘의 포인트

'chicken'은 요리되기 전의 닭고기를 의미해요. 한국에서 일반적으로 쓰는 '치킨'의 영미권식 표현은 'fried chicken'이라고 할 수 있죠.

Please help set the table.

테이블 세팅을 도와줘.

When is dinner? I'm hungry.

저녁 언제 먹어요? 배고파요.

Dinner will be ready in about ten minutes.

10분 정도면 저녁 식사가 준비될 거야.

Please help set the table.

테이블 세팅을 도와줘.

The cutlery is in there.

식기는 저 안에 있어.

⚅ 오늘의 구문

please help ~ ~를 도와줘
✔ Please help clean this up. 이거 치우는 걸 도와줘.
✔ Please help wipe the table. 테이블 닦는 걸 도와줘.

⚅ 오늘의 단어

set 세팅하다, 준비하다

⚅ 오늘의 포인트

주방에서 요리할 때 사용하는 칼이나 국자 등의 도구는 'kitchen utensils', 음식을 먹기 위해 사용하는 식탁용 칼, 수저, 포크, 젓가락 등은 'cutlery'라고 해요.

Let's take a picture of it!

그거 사진을 찍도록 하자!

 Mommy, I really want this robot!

엄마, 저 이 로봇 정말 갖고 싶어요!

 Let's take a picture of it!

그거 사진을 찍도록 하자!

 Maybe I can get it for your birthday.

아마 네 생일에 받을 수 있을 거야.

 Okay!

좋아요!

 오늘의 구문

take a picture of ~ ~를 사진 찍다
- ✔ Let's take a picture of your artwork! 네 미술 작품을 사진으로 찍어 보자!
- ✔ I took a picture of you on stage. 네가 무대에 있는 걸 사진 찍었어.

오늘의 단어

robot 로봇

오늘의 포인트

오늘의 표현은 아이가 물건을 사달라고 조를 때 활용할 수 있어요. 사진을 찍어 뒀다가 아이에게 선물이 필요한 특별한 날에 참고해 보면 어떨까요?

Just do your best.
그냥 네 최선을 다하렴.

 What if I forget my lines?
제 대사를 잊어버리면 어쩌죠?

 You practiced so hard for today.
오늘을 위해서 정말 열심히 연습했잖아.

 Just do your best.
그냥 네 최선을 다하렴.

 Okay.
네.

 오늘의 구문

just ~ 그냥 ~해
✓ Just try it once! 그냥 한번 도전해 봐!
✓ Just remember what I told you. 그냥 내가 했던 말을 기억해.

 오늘의 단어

line 대사, 줄

 오늘의 포인트

결과에 연연하기보다는 언제나 아이의 최선을 응원해 주세요.

Zip up.
지퍼를 올려.

 Good. You put on your jacket.

좋아. 재킷을 입었네.

 Yup!

네!

 Zip up. It's chilly outside.

지퍼를 올려. 바깥은 쌀쌀해.

 Got it.

알겠어요.

✪ 오늘의 구문

zip up ~ ~ 지퍼를 올려

✔ Zip up your fly. 바지의 지퍼를 올려.
✔ Zip up your bag all the way. 가방의 지퍼를 끝까지 올려.

✪ 오늘의 단어

jacket 재킷

✪ 오늘의 포인트

'zipper'는 소리에서 따온 의성어예요. 지퍼를 올려 잠글 때는 'do one's zipper', 'zip', 또는 'zip up', 지퍼를 내려서 열 때는 'zip down' 또는 'undo one's zipper'라고 해요.

Pass it to me!

나한테 패스해!

Don't give the ball to Daddy.

아빠한테 공을 주지 마.

Pass it to me!

나한테 패스해!

Here, Mommy! Catch!

여기요, 엄마! 잡아요!

Nice throw!

잘 던졌어!

🔷 오늘의 구문

pass A to B A를 B에게 패스해
✔ Pass the salt to your brother. 소금을 동생에게 건네 줘.
✔ Pass this paper to your teacher. 이 종이를 선생님께 전해 줘.

🔷 오늘의 단어

throw 던지다

🔷 오늘의 포인트

'pass'는 스포츠 경기 등에서 공 등을 '건네다'라는 의미로 많이 사용되지만, 일상 생활에서 물건을 건넬 때도 자주 쓰여요.

WEEK 30

지나간 오늘은 다시 돌아오지 않아요.

You're not alone.

넌 혼자가 아니야.

 The other kids won't play with me.

다른 애들이 나랑 놀지 않아요.

 I feel so left out.

너무 소외감이 들어요.

 That sounds tough.

힘들겠구나.

 But you're not alone.

하지만 넌 혼자가 아니야.

🏶 오늘의 구문

you're not ~ 너는 ~가 아니야

✔ You're not the only one. 너만 그런 게 아니야.
✔ You're not wrong. 네가 틀린 게 아니야.

🏶 오늘의 단어

tough 힘든

🏶 오늘의 포인트

'alone'은 주변에 아무도 없이 혼자인 상황을 의미하고, 'lonely'는 마음이 외로울 때 느끼는 감정을 말해요.

Are you having fun?

재미있는 시간 보내고 있어?

Are you having fun?

재미있는 시간 보내고 있어?

Kind of...

그럭저럭요…….

If not, we can play something else.

아니면, 우리 다른 거 해도 되는데.

Just let me know anytime, okay?

언제든지 알려 줘, 알았지?

 오늘의 구문

are you having ~? ~를 보내고 있어?

✔ Are you having a good time? 좋은 시간 보내고 있어?
✔ Are you having a hard time? 힘든 시간을 보내고 있니?

오늘의 단어

anytime 언제든

오늘의 포인트

아이의 컨디션을 확인할 때 사용하기 좋은 패턴이에요. 특히 키즈 카페나 놀이터 등에서 아이의 기분을 살피고 싶을 때 활용해 보세요.

You made my day!

네 덕에 오늘 기분이 좋아졌어!

You're the best cook, Mommy!

엄마는 최고의 요리사예요!

I like everything you make!

엄마가 만든 거 다 맛있어요!

I especially love this chicken dish.

특히 이 닭고기 요리 정말 좋아요.

Aw, you made my day!

어머, 네 덕에 오늘 기분이 좋아졌어!

❖ 오늘의 구문

you made my ~ 네 덕에 ~ 기분 좋아졌어

✔ You made my morning! 네 덕에 오늘 아침 기분이 좋아졌어!

✔ You made my week! 네 덕에 이번 주 기분이 좋아졌어!

❖ 오늘의 단어

dish 요리

❖ 오늘의 포인트

하루를 즐겁게 만들어 주는 사람이 있어요. 그 사람의 말과 행동 덕분에 그동안 힘들었던 일이 싹 잊히기도 하죠.

You nailed it!

정확히 맞혔어!

 I'll give you a tricky word.

까다로운 단어 하나 내 볼게.

 How do you spell 'truck'?

'트럭' 스펠링이 어떻게 되지?

 T-r-u-c-k.

t-r-u-c-k 예요.

 You nailed it!

정확히 맞혔어.

☘ 오늘의 구문

you nailed ~ ~를 정확히 맞혔어

✔ You nailed the question. 문제를 정확히 맞혔어.
✔ You nailed the test. 시험을 정확히 맞혔어.

☘ 오늘의 단어

tricky 까다로운

☘ 오늘의 포인트

'nail'의 사전적인 의미는 '못을 박다'이지만, 무언가를 'nail' 했다는 건 작은 못의 머리를 망치로 정확히 내리치듯 잘 해냈다는 뜻으로 기억해 두면 유용해요.

WEEK

24

잘하지 못해도 함께하는 데 의미가 있어요.

We have to follow the rules.

우리는 규칙을 따라야 해.

play

DAY
201

 I don't want to move there.

거기로 옮기고 싶지 않아요.

 You need to put your piece there.

네 말을 거기로 옮겨야 해.

 I want to skip my turn!

제 차례를 건너뛸래요!

 We have to follow the rules.

우리는 규칙을 따라야 해.

 오늘의 구문

we have to follow ~ 우리는 ~를 따라야 해
✔ We have to follow what the teacher says. 우리는 선생님 말씀을 따라야 해.
✔ We have to follow the steps. 우리는 그 단계들을 따라야 해.

오늘의 단어

skip 건너뛰다

 오늘의 포인트

아이들이 게임의 규칙을 잘 지키도록 격려해 주세요. 규칙은 사회적 규범이자 우리 모두가 따르기로 한 약속과도 같으니까요.

What's the temperature outside?

실외 온도가 어떻게 돼?

 I don't know what to wear.

무엇을 입어야 할지 모르겠어요.

 Well, what's the temperature outside?

글쎄, 실외 온도가 어떻게 돼?

 Let's check your phone!

휴대전화를 확인해 봐요!

 Good idea.

좋은 생각이네.

 오늘의 구문

what's the temperature ~? ~ 온도가 어떻게 돼?

✔ What's the temperature inside? 실내 온도가 어떻게 돼?
✔ What's the temperature of the water? 물 온도가 어떻게 돼?

오늘의 단어

outside 바깥, 실외

오늘의 포인트

아이들이 숫자를 잘 이해하게 되면, 아이와 함께 휴대전화를 보며 기온 등을 확인해 보세요. 기온에 따라 코트를 입을지, 재킷을 입을지 함께 결정해요.

Try to figure it out on your own.

너 스스로 해결하려고 노력해 보렴.

He keeps making fun of me.

그 아이가 저를 계속 놀려요.

Try to figure it out on your own.

너 스스로 해결하려고 노력해 보렴.

What can you do?

네가 할 수 있는게 뭘까?

I can ignore him?

그 아이를 무시할까요?

❄ 오늘의 구문

try to ~ on your own 너 스스로(직접) ~하려고 노력해 봐
- ✓ Try to write it on your own. 너 스스로 쓰려고 노력해 보렴.
- ✓ Try to pick out your clothes on your own. 너 스스로 옷을 고르려고 노력해 보렴.

❄ 오늘의 단어

ignore 무시하다

❄ 오늘의 포인트

반드시 모든 문제를 해결해야 하는 건 아니에요. 항상 모든 사람들과 다 잘 지낼 수 없다는 것 또한 아이에게 상기시켜 줄 필요가 있어요.

Look both ways.

좌우를 살펴봐.

 Come on, let's cross.

어서, 건너가자.

 Look both ways. Are there cars?

좌우를 살펴봐. 차가 있니?

 No.

아니요.

 Good. Then we can cross.

좋아. 그럼 건너갈 수 있겠네.

 오늘의 구문

look ~ ~를 봐
- Look behind you. 네 뒤를 봐.
- Look over there. 저기를 봐.

오늘의 단어

cross 건너다

오늘의 포인트

아이들에게 도로 교통안전에 관해 가르쳐 줄 때 꼭 필요한 문장이에요.

What did you learn today?

오늘은 뭘 배웠어?

 ## How was your lesson?

수업은 어땠어?

 ## Good.

좋았어요.

 ## What did you learn today?

오늘은 뭘 배웠어?

 ## Hexagons have six sides!

육각형의 면이 여섯 개라는 거요!

 오늘의 구문

what did you learn ~? 너 뭘 배웠어?
- ✔ What did you guys learn about? 너희 무엇에 대해 배웠어?
- ✔ What did you learn in science class? 과학시간에 뭐 배웠어?

오늘의 단어

side (도형의) 면

오늘의 포인트

아이들에게 하루 일과에 대한 질문을 할 때, 단답형이 아닌 개방형 질문을 하면 양질의 의사소통을 경험할 수 있어요.

That's enough TV for today.

오늘 TV 시청은 이 정도면 충분해.

That's enough TV for today.

오늘 TV 시청은 이 정도면 충분해.

Please turn it off now.

이제 그만 꺼 줘.

Can I please watch one more show?

제발 (TV) 프로그램 한 개만 더 보면 안 돼요?

No, you can't.

아니, 안 돼.

 오늘의 구문

that's enough ~ ~는 이 정도면 충분해
- ✓ That's enough dessert. 디저트는 이 정도면 충분해.
- ✓ That's enough junk food. 정크 푸드는 이 정도면 충분해.

오늘의 단어

show (TV/라디오) 프로그램

오늘의 포인트

"That's enough!"는 직역하면 '그만하면 충분해!'라는 뜻이지만, 실제로는 '그만큼 했으니, 이제 그만해!'라는 의미예요.

You must brush your teeth.
반드시 양치를 해야 해.

 I'm too sleepy to shower!

너무 졸려서 샤워를 할 수가 없어요!

 Go floss and brush.

가서 치실하고 양치하렴.

 Do I have to?

꼭 해야 해요?

 You must brush your teeth.

반드시 양치를 해야 해.

 오늘의 구문

you must ~ (너는) 반드시 ~해야 해
- You must take your medicine. 반드시 약을 먹어야 해.
- You must remember my phone number. 반드시 내 전화번호를 기억해야 해.

 오늘의 단어

shower 샤워하다

오늘의 포인트

재미있게 놀다가도 씻을 시간만 되면 핑계가 많아지는 아이들이 많죠? 하지만 양치 습관만큼은 꼭 잡아 주세요.

What should you do next time?

다음에는 어떻게 해야 하지?

 I left my homework at home!

숙제를 집에 두고 왔어요!

 That's the second time.

이번이 두 번째네.

 What should you do next time?

다음에는 어떻게 해야 하지?

 Put it in my bag right away.

가방에 바로 집어넣어요.

 오늘의 구문

what should you do ~? ~하면 어떻게 해야 하지?

✓ What should you do if it happens again?
또 이런 일이 생기면 어떻게 해야 하지?

 오늘의 단어

next time 다음번

 오늘의 포인트

아이들의 실수나 나쁜 결정을 그때그때 잡아 주기보다는 훗날을 위해 아이가 자신의 결정에 책임질 수 있게 해야 스스로 생각하는 법을 기를 수 있어요.

Have a great day!

좋은 하루 보내!

 Okay. Off you go.

그래. 이만 가 봐.

 I'll come pick you up after school.

학교 끝나고 데리러 갈게.

 Have a great day, my love!

좋은 하루 보내, 애야!

 You too, Mommy. Bye!

엄마도요. 다녀올게요!

❀ 오늘의 구문

have a great ~ 좋은 ~를 보내

✔ Have a great morning! 좋은 아침 보내!
✔ Have a great swim lesson! 즐거운 수영 수업 시간 보내!

❀ 오늘의 단어

pick ~ up ~를 데리러 가다

❀ 오늘의 포인트

"Have a great day!"는 일상에서 자주 쓰이는 정말 좋은 표현이에요.

Good game.
좋은 게임이었어.

I won! You lost, Mommy.

제가 이겼어요! 엄마는 졌어요.

That was a close one.

아슬아슬했네.

But you got me at the end.

그런데 마지막에 네가 나를 잡았네.

Good game.

좋은 게임이었어.

오늘의 구문

good ~ 좋은 ~였어
- Good round. 좋은 라운드였어.
- Good try. 좋은 시도였어.

오늘의 단어

end 끝

오늘의 포인트

게임이나 경기에서 졌더라도 상대방에게 악수를 건네며 "Good game."이라고 말하는 매너를 아이에게 알려 주세요.

WEEK
29

단어가 떠오르지 않을 때는 아이와 함께 찾아봐요.

No matter the results...

결과가 어떻든……

 What if I don't win?

제가 이기지 못하면 어떡하죠?

 Are you going to be mad at me?

저한테 화내실 건가요?

 No, of course not!

아니, 물론 아니지!

 No matter the results, I love you.

결과가 어떻든 나는 너를 사랑해.

✤ 오늘의 구문

no matter the results, ~ 결과가 어떻든 ~
- ✔ No matter the results, we love you. 결과가 어떻든 우리는 너를 사랑해.
- ✔ No matter the results, we're proud of you. 결과가 어떻든 우리는 네가 자랑스러워.

✤ 오늘의 단어

mad (비격식) 화난

✤ 오늘의 포인트

확정된 결과는 'result', 아직 경우의 수가 많은 상황에서는 복수 형태인 'results'를 사용해요.

Which book do you want to read?

어느 책을 읽고 싶어?

 Mommy, can we read together?

엄마, 우리 같이 책을 읽을 수 있어요?

 Of course we can!

당연히 할 수 있지!

 Which book do you want to read?

어느 책을 읽고 싶어?

 Hmmm. Let me see...

음. 어디 보자…….

 오늘의 구문

which A do you want to B? 어떤 A를 B하고 싶어?

✔ **Which game do you want to play?** 어떤 게임을 하고 싶어?

✔ **Which movie do you want to watch?** 어떤 영화를 보고 싶어?

오늘의 단어

let me see 어디 보자

오늘의 포인트

선택의 폭이 한정돼 있을 때는 'which', 선택지가 정해져 있지 않은 질문에는 'what'을 사용해요.

Is your room warm enough?

네 방은 충분히 따뜻하니?

Good night, Mommy!

안녕히 주무세요, 엄마!

Is your room warm enough?

네 방은 충분히 따뜻하니?

Can I get another blanket?

담요 한 장만 더 주실래요?

Yes. Let me get it.

그래. 가져갈게.

❖ 오늘의 구문

be A B enough? A가 충분히 B하니?
✔ Is your blanket warm enough? 네 담요가 충분히 따뜻하니?
✔ Is the light bright enough? 불빛이 충분히 밝니?

❖ 오늘의 단어

blanket 담요, 이불

❖ 오늘의 포인트

'bedding'은 이불, 침대 위의 덮개, 담요와 같은 모든 침구류를 포함하는 단어예요. 이불에도 종류가 다양한데 두툼한 솜이불은 'comforter', 누빔 이불은 'quilt'라고 해요.

It looks great.

멋져 보여.

 Look, Mommy. I organized my toys.

보세요, 엄마. 제가 장난감을 정리했어요.

 Wow, it looks great.

와, 멋져 보여.

 I did it all by myself!

제가 혼자 다 했어요!

 You're all grown up!

다 컸네!

오늘의 구문

it looks ~ ~해 보여
- ✔ It looks cold. 차가워 보여.
- ✔ It looks smart. 똑똑해 보여.

오늘의 단어

organize 정리하다

오늘의 포인트

'다 컸다'라는 뜻의 형용사로 쓰인 'grown up'은 명사로 '어른, 성인'이라는 의미도 있어요.

WEEK 25

언어는 곧 소통이에요.

Shall we play another round?
한 판 더 할래?

Good game!

좋은 게임이었어!

Shall we play another round?

한 판 더 할래?

No, I'm hungry.

아뇨, 배고파요.

Okay. Let's eat something.

알았어. 뭐 좀 먹자.

❖ 오늘의 구문

shall we play ~? (게임) 할래?

✔ Shall we play one more? 한 번 더 할래?

✔ Shall we play with your friends? 네 친구들과 같이 할래?

❖ 오늘의 단어

another 또 하나, 더, 또

❖ 오늘의 포인트

'another'와 'other'는 둘 다 '다른'이라는 의미를 갖지만 'another'는 같은 종류의 하나 더, 'other'는 다른 옵션을 의미해요.

You have to wear your hat today.

오늘은 모자를 써야 해.

You have to wear your hat today.

오늘은 모자를 써야 해.

The sun is very strong and can burn your skin.

햇볕이 너무 강해서 화상을 입을 수 있어.

Keep it on, okay?

쓰고 있어, 알았지?

Okay.

알겠어요.

🎀 오늘의 구문

have to ~ ~해야 해
✔ You have to wear these pants. 너는 이 바지를 입어야 해.
✔ We have to walk to dog first. 우리는 개를 먼저 산책시켜야 해.

🎀 오늘의 단어

hat 모자

🎀 오늘의 포인트

가끔 모자 쓰는 걸 불편해하는 아이도 있지만 햇볕이 뜨거울 때는 선크림과 모자가 필수예요. 아이가 반드시 해야 하는 일에 관해 이야기할 때는 이유를 잘 설명해 주세요.

How would you feel?

네 기분이 어떨까?

 Oh, no. You messed it all up.

오, 저런. 네가 엉망으로 만들었잖아.

 If I broke something you made,

만약 네가 만든 걸 내가 다 부쉈다면,

 how would you feel?

네 기분이 어떨까?

 I would feel bad... Sorry.

기분이 안 좋을 것 같아요⋯⋯. 죄송해요.

오늘의 구문

how would you feel ~? 너라면 기분이 어떨까?

✓ How would you feel about it? 너라면 그것에 대해 기분이 어떨까?

✓ How would you feel if it happened to you? 그 일이 네게 일어났다면 기분이 어떨까?

오늘의 단어

break

깨다, 부수다

오늘의 포인트

잘못된 행동을 한 아이에게 역지사지의 입장을 떠올려 보게 할 때 활용할 수 있는 표현이에요.

Please use a tissue.

화장지를 사용해 주렴.

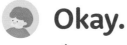 **Don't wipe your nose with your shirt.**

코를 셔츠에 닦지 마.

 **Please use a tissue. Here.**

화장지를 사용해 주렴. 여기.

Okay.

네.

Keep these tissues in your pocket.

이 화장지들을 네 주머니에 넣어 둬.

🔹 오늘의 구문

please use ~ ~를 사용해 주렴
- Please use a pencil. 연필을 사용해 주렴.
- Please use chopsticks. 젓가락을 사용해 주렴.

🔹 오늘의 단어

pocket 주머니

🔹 오늘의 포인트

영어로는 휴지에도 여러 종류가 있어요. 두루마리 휴지는 'toilet paper', 미용 화장지는 'tissue'라고 해요.

You need ten hours of sleep.

너는 열 시간은 자야 해.

 ## Time for bed!

잘 시간이야!

But I don't want to go to bed!

하지만 자고 싶지 않아요!

We have to wake up at seven.

우리는 내일 일곱 시에 일어나야 해.

And you need ten hours of sleep.

그리고 너는 열 시간은 자야 해.

❎ 오늘의 구문

you need ~ of sleep 너는 ~ 자야 해

✔ You need eight hours of sleep. 너는 여덟 시간은 자야 해.
✔ You need at least nine hours of sleep. 너는 적어도 아홉 시간은 자야 해.

❎ 오늘의 단어

hour 시간

❎ 오늘의 포인트

많은 아이들이 잠들기 싫어하지만 적절한 수면 시간은 아이의 성장과 면역력을 위해서도 꼭 지켜져야 해요.

I'm almost done.

거의 끝나 가.

 I need your help, Mommy.

도움이 필요해요, 엄마.

 Is it urgent?

급한 거니?

 I'm doing the laundry.

엄마 지금 빨래하는 중이야.

 But I'm almost done.

그런데 거의 끝나 가.

 오늘의 구문

I'm almost done ~ ~를 거의 다 했어
- I'm almost done packing. 짐을 거의 다 쌌어.
- I'm almost done cleaning the kitchen. 주방 청소는 거의 다 했어.

오늘의 단어

laundry 세탁

오늘의 포인트

세탁과 관련된 단어에는 washing machine(세탁기), dryer(건조기), laundry detergent(세탁용 세제), fabric softener(섬유 유연제) 등이 있어요.

I understand, but that's not right.

이해는 하지만, 그건 옳지 않은 일이야.

 Why are you grabbing toys from other kids?

왜 다른 아이들에게서 장난감을 잡아채는 거야?

 Because they're my toys!

왜냐하면 제 장난감이니까요!

 I understand, but that's not right.

이해는 하지만, 그건 옳지 않은 일이야.

 What should you do?

어떻게 하는 게 좋을까?

오늘의 구문

I understand, but ~ 이해는 하지만 ~
- ✔ I understand, but you can't do that. 이해는 하지만, 그렇게 하면 안 돼.
- ✔ I understand, but you need to play fair. 이해는 하지만, 정직하게 승부해야지.

오늘의 단어

grab 붙잡다

오늘의 포인트

꾸지람 전에 엄마가 먼저 아이의 마음을 이해해 주면 아이도 마음을 열고 이야기해 줄 거예요.

I know you're disappointed.

네가 실망한 거 알아.

 It's not fair. Why can't I go?

불공평해요. 왜 저는 가면 안 돼요?

 Because you're sick.

왜냐하면 너는 아프니까.

 I know you're disappointed.

네가 실망한 거 알아.

 You can go when you're better.

나아지면 가도 돼.

 오늘의 구문

I know you're ~ 네가 ~한 것 알아

✔ I know you're worried. 네가 걱정하는 것 알아.

✔ I know you're annoyed. 네가 짜증이 난 것 알아.

 오늘의 단어

disappoint 실망한

오늘의 포인트

부정적인 감정이 아이의 내면을 지배하고 있는 상황에서는 일단 아이 스스로 그 감정을 인지하고 해결책을 찾도록 도와주세요.

Let's get going!

시작하자!

 Why aren't you dressed?

왜 옷을 안 입었어?

 I was reading this book.

이 책을 읽고 있었어요.

 We need to leave soon.

곧 출발해야 해.

 Come on, let's get going!

어서, 시작하자!

 오늘의 구문

let's get ~ ~하자
✔ Let's get moving. 어서 가자.
✔ Let's get started. 출발하자.

오늘의 단어

be dressed 옷을 입고 있다

오늘의 포인트

'let's go'와 'let's get going'은 유사한 의미이지만, 이미 늦어진 상황에서 행동을 독려해야 할 때 'let's get going'을 활용할 수 있어요.

Read the instructions first.

먼저 설명서를 읽어.

 Can we please play this game?

우리 이 게임 하면 안 될까요?

 Do you know how to play it?

이 게임 어떻게 하는지 알아?

 I think I know.

알 것 같아요.

 Read the instructions first.

먼저 설명서를 읽어.

🔲 오늘의 구문

read ~ ~를 읽어
- ✔ Read the rules first. 먼저 규칙을 읽어.
- ✔ Read the book first. 먼저 그 책을 읽어.

🔲 오늘의 단어

first 먼저

🔲 오늘의 포인트

'instructions'는 게임이나 장난감 등에서 가장 일반적으로 사용되는 설명서를, 'manual'은 프린터 등 복잡한 기계 장치를 위한 설명서를 말해요.

WEEK

28

영어를 공부가 아닌 놀이처럼 느끼게 해 주세요.

You must feel hurt.

네가 마음을 다쳤을 만하네.

 A boy in my class called me fat.

우리 반 어떤 남자아이가 저더러 뚱뚱하대요.

 It's wrong to make fun of people's appearances.

다른 사람의 외모를 놀리는 건 옳지 않아.

 I'm so sad...

슬퍼요…….

 You must feel hurt.

네가 마음을 다쳤을 만하네.

 오늘의 구문

you must feel ~ 네가 ~를 느꼈겠네
✔ You must feel so upset. 네가 정말 화났겠구나.
✔ You must feel relieved. 네가 안심했겠구나.

오늘의 단어

appearance 외모

오늘의 포인트

외모를 뜻하는 'appearance'는 아이에게 다소 어려운 단어일 수 있기 때문에 원어민 부모들은 외모를 가리킬 때 'looks'라고 표현하기도 해요.

What should we do today?

오늘은 무엇을 할까?

 Good morning, sweetheart.

좋은 아침이야, 얘야.

 Happy Saturday morning!

즐거운 토요일 아침이네!

 Yay, no school!

이야, 학교 안 간다!

 What should we do today?

오늘은 무엇을 할까?

✽ 오늘의 구문

what should we ~? 무엇을 ~할까?

✔ What should we eat for breakfast? 아침으로 무엇을 먹을까?

✔ What should we read after? 다음에 무엇을 읽을까?

✽ 오늘의 단어

Saturday 토요일

✽ 오늘의 포인트

'what should we ~?'를 원어민처럼 발음하고 싶다면 전체를 한 단어처럼 말해 보세요. 'What'의 t, 'should'의 d를 약하게 발음하면 좀 더 쉽고 자연스러울 거 예요.

Come down carefully.

조심히 내려와.

Look at me, Mommy!

저를 보세요, 엄마!

Wow, you made it all the way to the top!

와, 꼭대기까지 올라갔네!

I'm coming down now.

이제 내려가요.

Okay. Come down carefully.

그래. 조심히 내려와.

😊 오늘의 구문

come down 내려와
✔ Come down slowly. 천천히 내려와.
✔ Come down feet first. 발부터 내려와.

😊 오늘의 단어

carefully 조심히

😊 오늘의 포인트

영어는 듣는 사람에 초점을 두기 때문에 대화를 보면 아이가 "내려가요."라고 할 때도 'going down'이 아닌 'coming down'을 사용했다는 걸 확인할 수 있어요.

That sounds awesome!

멋진데!

 I want to learn a new instrument.

새로운 악기를 배우고 싶어요.

 Like what?

어떤 거?

 I think the guitar looks cool.

제 생각에 기타가 멋있어 보이는 것 같아요.

 That sounds awesome!

멋진데!

❖ 오늘의 구문

that sounds ~ ~하네
✔ That sounds perfect! 완벽하네!
✔ That sounds amazing! 놀랍네!

❖ 오늘의 단어

instrument 악기

❖ 오늘의 포인트

'that sounds~'는 직역하면 '~하게 들리다'란 의미지만, 'awesome', 'great' 등의 형용사와 함께 사용하면 '멋지다, 잘됐다'의 감탄문이 돼요.

WEEK 26

앞으로도 지금처럼만 하면 돼요.

Whose turn is it?

누구 차례지?

I'm back with some yummy snacks!

엄마가 맛있는 간식을 가지고 다시 왔지!

Whose turn is it?

누구 차례지?

It's still your turn, Mommy.

엄마 차례예요.

Aw, thanks for waiting!

오우, 기다려 줘서 고마워!

 오늘의 구문

whose A is B? B는 누구의 A이지?
- Whose kite is this? 이건 누구의 연이지?
- Whose chess set is that? 저건 누구의 체스 세트지?

 오늘의 단어

yummy 맛있는

오늘의 포인트

'whose'는 'who is'의 줄임말인 'who's'와 유사한 발음으로 원어민조차 혼동하기 때문에 주의가 필요해요.

Are we ready to go?

갈 준비가 됐니?

 **Are we ready to go?**

갈 준비가 됐니?

 **Not yet. I can't find my socks.**

아직요. 양말을 못 찾겠어요.

There they are.

저기 있네.

Oh, okay.

오, 알겠어요.

🎀 오늘의 구문

ready to~ ~할 준비를 하다

✔ Are you ready to go to school? 학교 갈 준비가 됐니?
✔ I am ready to have some fun. 나는 재미있게 놀 준비가 됐어.

🎀 오늘의 단어

yet 아직

🎀 오늘의 포인트

아이들과 대화할 때 'you(너)'라고 하기보다 'we(우리)'라고 표현하는 것이 한 팀이라는 의미를 담고 있어요. 사실 아이가 무엇을 하든 혼자가 아니라 정말 다 함께 하는 것이기도 하죠.

Hang in there.

참고 버텨 봐.

 I still have seven pages left.
아직도 일곱 쪽이나 남았어요.

 I'm so sleepy, though.
근데, 너무 졸려요.

 Hang in there, sweetie.
참고 버텨 봐, 얘야.

 Stay focused. You're almost done.
집중해서 해. 금방 할 거야.

🔳 오늘의 구문

hang in there 참고 버텨 봐
✓ Hang in there a little longer. 조금만 더 참고 버텨 봐.
✓ Hang in there. We're almost there. 참고 버텨 봐. 거의 다 왔어.

🔳 오늘의 단어

sleepy 졸린

🔳 오늘의 포인트

'hang in'과 유사한 표현으로 'hang on(붙잡다)'이 있어요. 'hang on to it'이라고 하면 무언가를 꽉 잡고 매달려 있거나, 버리지 않고 보관하고 있다는 의미예요.

Walk quietly.

조용히 걸으렴.

 **It's late.** Walk quietly.

늦은 시간이야. 조용히 걸으렴.

We shouldn't disturb our neighbors.

이웃들을 방해하면 안 되지.

Okay, sorry.

알겠어요, 죄송해요.

Do you want to wear your slippers?

네 슬리퍼 신을래?

:: 오늘의 구문	:: 오늘의 단어	:: 오늘의 포인트
~ quietly 조용히 ~해	neighbor 이웃	하루에도 수십 번 하게 되는 말이죠. 그래서 저는 종종 "Can you walk like a mouse(생쥐처럼 걸을 수 있니)?"와 같이 재미있는 표현을 사용하기도 해요.
✔ Play quietly, please. 조용히 놀았으면 해.		
✔ Talk quietly here. 여기서는 조용히 얘기하렴.		

You need to brush thoroughly.

양치를 꼼꼼하게 해야 해.

Did you brush your teeth?

양치했니?

I did.

네, 했어요.

Let me see.

어디 보자.

You need to brush thoroughly.

양치를 꼼꼼하게 해야 해.

 오늘의 구문

you need to brush ~ ~를 닦아야 해, ~를 빗어야 해
✔ You need to brush your teeth well. 치아를 잘 닦아야 해.
✔ You need to brush your hair. 머리카락을 빗어야 해.

 오늘의 단어

thoroughly 철저히, 꼼꼼히

 오늘의 포인트

동사 'brush'는 치아와 머리카락에 모두 사용할 수 있어요. 치아라면 '양치하다', 머리카락이라면 '빗질하다'의 의미예요.

I'm sorry I'm late.

늦어서 미안해.

 I waited with Ms. Lee for twenty minutes!

이 선생님과 같이 20분이나 기다렸어요!

 I'm sorry I'm late, sweetheart.

늦어서 미안해, 애야.

 There was a lot of traffic.

차가 많이 막혔어.

 You must have been worried.

네가 걱정했겠네.

 오늘의 구문

I'm sorry I ~ 내가 ~해서 미안해
- I'm sorry I yelled at you. 내가 너에게 소리 질러서 미안해.
- I'm sorry I didn't believe you. 내가 너를 못 믿어서 미안해.

오늘의 단어

worried 걱정되는

오늘의 포인트

하원 시간에 맞춰 아이를 데리러가야 하는데 종종 피치 못할 사정으로 늦을 때가 있어요. 그럴 때 아이에게 진심으로 사과하면 아이도 자연스레 사과의 중요성을 알게 될 거예요.

We ask politely.

정중하게 부탁하는 거야.

I'm hungry! Make me dinner now!

배고파요! 당장 저녁 만들어 주세요!.

When we want something, we ask politely.

무언가를 원할 때는 정중하게 부탁하는 거야.

I'm really hungry, Mommy.

저 정말 배가 고파요, 엄마.

Can you please make me dinner?

저녁 만들어 주실 수 있으세요?

❋ 오늘의 구문

~, we ask politely ~는, 정중하게 부탁하는 거야
✔ When we want to play with a friend's toy, we ask politely.
   친구의 장난감을 가지고 놀고 싶을 때는, 정중하게 부탁하는 거야.

❋ 오늘의 단어

really 정말

❋ 오늘의 포인트

아이에게 예의 바르고 올바른 언어 습관을 들여 주고자 할 때 활용할 수 있는 표현이에요.

You're great at solving problems.

너는 문제 해결 능력이 뛰어나구나.

 ## The boy keeps kicking my chair!

그 아이가 계속 내 의자를 발로 차요!

 ## What can you do?

네가 할 수 있는 건 뭘까?

 ## Tell him to stop?

그 아이에게 그만하라고 말해요?

 ## You're great at solving problems.

너는 문제 해결 능력이 뛰어나구나.

 오늘의 구문

you're great at ~ 너는 ~가 뛰어나구나
- You're great at the drums. 너는 드럼 실력이 뛰어나구나.
- You're great at building things. 너는 만들기 실력이 뛰어나구나.

 오늘의 단어

solve 해결하다

오늘의 포인트

문제 해결 능력은 삶에 꼭 필요한 기술이에요. 아이 스스로 문제를 해결할 수 있도록 기회를 주고 꼭 칭찬해 주세요.

We still have some time.

아직 시간이 좀 남았어.

 **Are we late?**

저희 늦었나요?

 **No. We still have some time.**

아니. 아직 시간이 좀 남았어.

 **Are you sure?**

정말이죠?

 **Yes, it's only eight. We have one hour left.**

응, 아직 여덟 시야. 한 시간 남았어.

❋ 오늘의 구문

still have (시간) 아직 (시간) 남다
- ✔ We still have twenty minutes. 아직 20분 남았어.
- ✔ I still have a few hours to go. 아직 몇 시간 남았어.

❋ 오늘의 단어

late 늦은

❋ 오늘의 포인트

시간에 예민한 아이는 등원 시간, 수업 시간에 늦을까 봐 불안해해요. 그럴 때 현재 시각을 알려 주며 아이를 진정시킬 수 있어요.

Let's go clockwise.
시계 방향으로 가자.

What's the order? Who goes second?

순서가 어떻게 돼요? 누가 두 번째인가요?

Let's go clockwise.

시계 방향으로 가자.

So, Yujung is second, and I go last.

그럼 유정이가 두 번째, 내가 제일 마지막이야.

Okay, I'll start.

네, 그럼 시작할게요.

🔹 오늘의 구문

let's go ~ ~로 가자
- ✓ Let's go counterclockwise. 시계 반대 방향으로 가자.
- ✓ Let's go in this order. 이 순서대로 가자.

🔹 오늘의 단어

last 마지막

🔹 오늘의 포인트

아이가 '시계 방향'을 어려워한다면 'from left to right(왼쪽에서 오른쪽으로)'로 방향을 설명할 수 있어요.

WEEK

27

엄마가 즐거워하면 아이도 잘 따라 할 거예요.

took courage.

용기가 필요했겠네.

 I said sorry to Jian.
지안이에게 미안하다고 했어요.

 That took courage.
용기가 필요했겠네.

 You did the right thing.
네가 옳은 일을 했어.

 She was nice to me after that.
그 후로 걔가 친절하게 대해 줬어요.

✿ **오늘의 구문**

that took ~ ~가 필요했다
✔ That took patience. 인내심이 필요했겠네.
✔ That took a lot of hard work. 노력이 많이 필요했겠네.

✿ **오늘의 단어**

courage 용기

✿ **오늘의 포인트**

자신의 잘못을 인정하는 데는 큰 용기가 필요해요. 용기를 낸 아이를 칭찬해 주세요.

Let's put on some sunscreen.

선크림을 좀 바르자.

We'll be outdoors all day.

하루 종일 밖에 있을 거야.

Let's put on some sunscreen.

선크림을 좀 바르자.

I hate sunscreen!

선크림 싫어요!

But it protects our skin.

그렇지만 우리 피부를 보호해 주는 거야.

✿ 오늘의 구문

let's put on ~ ~를 바르자

✔ Let's put on some lotion. 로션을 좀 바르자.
✔ Let's put on some ointment. 연고를 좀 바르자.

✿ 오늘의 단어

sunscreen 선크림, 자외선 차단제

✿ 오늘의 포인트

소중한 우리 아이의 피부를 지키기 위해서라도 외출할 때는 어린이용 자외선 차단제를 꼭 발라 주세요.